马云如是说

你不疯狂 没人替你梦想

毕业十年，
你拿什么脱颖而出

文 捷 | 编著

台海出版社

图书在版编目（CIP）数据

你不疯狂 没人替你梦想：毕业十年，你拿什么脱

颖而出 / 文捷编著． — 北京：台海出版社，2015.10

　ISBN 978 - 7 - 5168 - 0734 - 7

　Ⅰ．①你… Ⅱ．①文… Ⅲ．①成功心理－通俗读物

Ⅳ．①B848.4 - 49

中国版本图书馆 CIP 数据核字（2015）第 226242 号

你不疯狂 没人替你梦想：毕业十年，你拿什么脱颖而出

编　　者：文　捷

责任编辑：俞滟荣　　　　　　责任印制：蔡　旭

出版发行：台海出版社

地　　址：北京市朝阳区劲松南路1号　邮政编码：100021

电　　话：010－64041652（发行，邮购）

传　　真：010－84045799（总编室）

网　　址：www.taimeng.org.cn/thcbs/default.htm

E-mail：thcbs@126.com

经　　销：全国各地新华书店

印　　刷：香河利华文化发展有限公司

本书如有破损、缺页、装订错误，请与本社联系调换

开　　本：710×1000　　1/16

字　　数：225千字　　　　　印　张：18

版　　次：2016年2月第1版　　印　次：2017年7月第2次印刷

书　　号：ISBN 978 - 7 - 5168 - 0734 - 7

定　　价：36.00元

前言

PREFACE

20～30岁，是人生最为美好的十年，也是最关键的十年：从青葱校园走入社会，从悠哉少年郎成为家庭顶梁柱，从不谙世事走向有压力的职场……对于每一个渴望成功的年轻人来说，这十年的每一天对其一生都是至关重要的。从毕业到职业的选择，再到工作、升职、跳槽……每一个选择，都直接关乎你的一生的命运。正如中国惠普前总裁孙耀武所说，20岁的迷惘，会造成30岁的恐慌，40岁的无能，甚至一辈子的平庸。所以，我们每个年轻人，都应该以严肃、认真的态度过好这十年的时光。

对于二十几岁的年轻人，我们处在人生的起步阶段。这时候，我们的生活压力比较小，身体还较好，上面的父母身体都还好，下面没有孩子。但是人终归要结婚生子，终归会老，到了40岁，父母、孩子的压力……那个时候需要挣多少钱才够花？所以，看待工作，眼光一定要放远一点，一时的谁高谁低并不能说明什么。这个时候，我们必须要让自己冷静下来，看清社会现实，并结合自身的性格、兴趣、爱好，作出明智的选择，然后，再为自己制订出详细的、全面的、系统的、可操作性的和切实有效的经营策略和实施方案，以确保自己以后的职业发展走得顺风顺水，以免让自己在30岁以后才认清事实，无功

1

而返。

有了规划，做好一切准备，接下来就要瞄准目标迈大步了，它是事业进步的一个极为重要的历程。欲想在迈步阶段，使自己的事业有所突破，就要做到提升自身的能力，苦练真本事，争取在同行中脱颖而出，同时也要练就自身的"软实力"，这样才能确保自己在前进过程中迈大步，迈稳步。

哈佛大学研究认为，人的一生有7次能改变命运走向成功的机会，而人生的前两次机会恰恰就出现在20～30岁间，一旦抓住了，你的人生会从此而发生质的改变。所以，我们在此期间，我们切勿因为迷惘、盲目、幼稚等，让机会从自己身边白白溜走。

20～30岁，我们可以暂时迷茫，但绝不能长时间误入迷途。学会与心灵对话，主动去挖掘自我价值，抓住机会，畅享30岁之后的美妙未来。

本书从认清自我、人生定位、能力培养、职业发展、做人原则、理财规划、人际资源积累等方面出发，全方面给二十几岁正处于迷茫期的年轻人以指导，做自己的人生规划师，成就一番独特人生！20岁到30岁是人生至关重要的十年，不要向命运臣服，你可以做的还有很多。改变命运交响曲，你的人生将由你谱写！架构自己的人生旅程，步向五彩纷呈的未来！

目 录
CONTENTS

第一章

这 10 年，要认清自己，准确定位，找准努力的方向

01. 20 到 30 岁，可以暂时迷茫，但绝不能迷途

二十几岁的你，是否长时间处于迷茫的状态之中，在这种迷茫的状态中，你是不是在不知不觉中学会了颓废，是不是缺乏奋进的目标，每天都无所事事？如果真是这样，那就请扪心自问：你是否有堕落的资格！

要知道，你生来就背负着家庭和生活的重担！别把所有的时间都浪费在碌碌无为之中，你能够给自己的优势就是能力，然而，如果你一味地颓废，可能连最终的机会都会丧失！对于人生处于起步阶段的人来说，最初 10 年的迷茫，会造成 10 年后的恐慌，20 年后的挣扎，甚至一辈子的平庸。为此，我们要尽早地让自己走出困惑、迷惘的状态，否则，你将会无颜面对 10 年乃至 20 年后的自己，只会让自己平庸一生，痛苦一生。

无论你是正笼罩在就业阴影之下的刚毕业的大学生，还是不顺心的

工作者，你都必须要找到自己的信心，然后树立目标，然后去加倍努力。否则，你就认命吧，一辈子浑浑噩噩，无所作为，只会让人更加地鄙视你、瞧不起你。

有位年轻人，毕业后一直庸庸碌碌，无所事事，在普通的岗位上疲于应付，浑浑噩噩地混日子。几年后，仍旧一事无成。看到周围的人个个都事业有成，就感到心灵空虚难耐，就到一位成功人士那里去找寻成功秘诀。

那位成功人士了解了他的现状后，认真地对他说："你从未认真地做过一件事情，认真地对待你的工作，怎么会有所成就呢？"随后，这位成功人士看着他，就对他说道："世界上共有四种马：第一种是绝等的良马，主人为它配上马鞍，套上辔头后，它奔跑的速度快如流星，能够日行千里。尤其可贵的是，当主人一扬起鞭子，它只要见到鞭影，便能够知晓主人的心意，迟速缓急，前进后退，都能够揣度得恰到好处。这就是深受世人称赞的能够明察秋毫的一等良马。"

"还有一种马也是好马，当主人的鞭子抽过来的时候，它看到举起的鞭影，但是它不能马上警觉。等到鞭子扫到了它尾巴的毛端时，它才能够知晓主人的意思，便会马上向前奔驰飞跃，也可以算得上是反应灵敏、矫健善走的好马。

"第三种则是一种庸马，不论主人多少次扬起鞭子，它看到扬起的鞭影，不但不能迅速地作出反应，甚至等皮鞭如雨点般地抽打在它的皮毛上，它始终都无动于衷，反应极为迟钝。等到主人鞭棍交加，将皮鞭落到它的肉躯上时，它才能够察觉到，然后才会顺着主人的命令向前奔跑，这等马是后知后觉的庸马。

"第四种则是一种驽马，当主人扬起手鞭之时，它也视若无睹；即便是将鞭棍抽打在它的皮肉上，它也仍旧毫无知觉。直至主人盛怒至极，它才能如梦初醒，放足狂奔，这种马是愚劣无知的驽马，因为它的冥顽不化，最终不受人喜爱！"

那位成功人士将话说到这里，突然就停顿了下来，眼光极为柔和地扫视着年轻人。看到年轻人聚精会神、若有所思的样子，就用庄严而又平和的声音说道："知道吗？这四种马就分别对应的是四种不同的人生。第一种人看到自然无常变异的现象，生命陨落的情况，便能够悚然警惕，奋起直进，努力去创造一个崭新的生命。第二种人则是看到世间的变化无常，看到生命的大起大落，也能够及时地鞭策自己，从不懈怠。第三种人则是等看到自己的亲友经历，看到颠沛流离的人生，经历过死亡的煎熬后，非要等到亲尝到鞭杖的切肤之痛后，方能幡然大悟。第四种是当自己病魔侵身、风烛残年的时候，才悔恨当初没有及时努力，在世上空走了趟。就像第四种马，非要受到彻骨的剧痛后，才知道奔跑，然而，一切却已经都晚了！"

四种马代表了四种不同的人生，我们要想不让自己沦落为第四种马的悲惨结局，就要及早走出迷惘的状态，尽早找到自己的人生方向，这样才能时刻激发自己不断前进，才不至于使一切都结束的时候，才去懊悔人生的虚度！

一个人最可怕的行为，就是丧失了理想，没有了进取心，总在迷惘中虚度自己的一生。在人生的起步阶段，迷茫与困惑谁都可能会经历，恐惧与逃避谁都曾经有过，但是切勿将迷惘和困惑当成自我放弃、甘于平庸的借口，史不要成为自怨自艾、祭奠失意的苦酒。生命需要自己去承担，命运需要自己去把握。在人生的起步阶段，越早地找到方向，越早走出困惑，就越容易在人生的道路上取得成就、创造精彩。无头苍蝇找不到方向，才会四处碰壁；一个人找不到出路，才会在迷茫和恐惧中度过。

在人生的起步阶段，无论你处于什么样的位置，永远都要记住，只有树立自己的理想，找到属于自己的奋斗方向，作出真正的成绩，才能够切实地体会到生命的本质，才可以让人生过得有意义。我们可以在经济上贫穷，但绝不能让自己在精神上打折。所以，我们要时刻反省自己是否处于碌碌无为的状态之中，是否也甘愿长期生活在安逸之中，尽早让自己从迷惘的状态之中觉醒，让自己在创造与奋斗之中感受到生命的真正精彩！

02. 明天过什么样的生活，完全在于你"今天"的选择

拿破仑选择了最能展示才干的军旅生涯，一个科西嘉的"土包子"成为一代伟大的统帅；比尔·盖茨选择了退学开公司，才使一个哈佛肄业生成就了微软王国的财富传奇……一个人今后所过的生活，完全是"今天"选择的结果。可以说，命运都是自己选择出来的，好的选择成就伟人，坏的选择会让人"一失足成千古恨"。何为好的选择？即为认真且客观地盘点自己，认识到自己的优劣势后，找准自己努力的方向，然后马不停蹄，一路向前，享受自己每一个成长的瞬间。

通往成功的道路或许有无数条，对我们来说，生命是条单行线，没有岁月可以回头，我们也不可能推翻结局重新来过。所以，在 20 岁的人生起步阶段，在确定人生的方向之前，一定要静下心来，好好地思索一番，我们的选择是否是正确的，这样才能防止自己在人生的尽头发出"我猜到了开头，却猜不到结局"的感叹。

有一位极为勤奋的青年，在人生的起步阶段，很想在各个方面比周围的人强。经过多年的努力，仍旧没有长进，于是，他苦恼万分，就向智者请教。

智者随即叫来自己的三个弟子，并嘱咐说："你们带这位客人到五里

山，打一担自己认为最满意的柴火。"三位弟子就带着这位年轻人穿过湍急的河水，直达五里山。

等到他们每个人砍完柴，返回的时候，智者正在原地迎接他们：年轻人满头大汗、气喘吁吁地扛着两捆柴，蹒跚而来；两个弟子一前一后，前面的弟子用扁担左右各挑4捆柴，后面的弟子轻松地跟着。在这个时候，从江面驶来一个木筏，上面载着小弟子和8捆柴火，停在智者的最前面。

年轻人与两个先到的弟子，相互看了一下，沉默不语；唯独那位划木筏的小徒弟，与智者坦然相对。智者见状，问道："怎么啦，你们对自己的表现不满意吗？""大师，让我们再砍一次吧！"那位年轻人这样请求道，"我刚开始就砍了6捆，但是扛到半路，就扛不动了，于是，就扔了两捆；又走了一会儿，还是压得喘不过气来，又扔掉两捆；最后，我就把这两捆扛回来了。但是，大师，我真的已经很努力了。"

"我和他恰恰相反，"那位大弟子说道，"刚开始，我俩各砍两捆，将4捆一前一后地挂在扁担上面，就跟着这位施主走。我与师弟就轮流担柴，不但不觉得劳累，反倒觉得轻松了许多。最终，又把施主丢弃的柴挑了回来。"

划木筏的小弟子接过话，说："我个子太矮小，力气太小，别说一次担两捆，就是一捆，这么远的路也挑不回来的。所以，我选择走水路，一次运了8捆……"

智者就用赞赏的眼光打量着三位弟子，然后，走到年轻人面前，拍着他的肩膀，语重心长地说道："一个人要走自己的路，本身是没有错，关键是怎么走；走自己的路，让别人说，也没有错，关键是走的路是否正确。年轻人，你要永远记住：选择永远比努力更重要。"

你最初的选择，往往决定了你之后的命运！每个人的生命是有限的，我们应该将有限的时间投入到最有意义和最有价值的事业中去！

为何有些人辛辛苦苦劳碌一辈子，到头来却脑袋空空、口袋空空？思路决定出路，观念决定了贫富，选择永远大于努力！你今天的生活是当初的你选择的。我们不要因为人人每天要吃饭就去卖大米，也不要因为每个人都要穿衣服而去卖服装。一个人的能力再大，水平再高，如果选择的平台不对，选择的人生方向不对，也无法发挥自己的潜能，达成自己的目标。

有这样一则故事：

有三个人同时被关进监狱三年，监狱长说，可以满足他们每个人的需求。美国人爱抽雪茄，所以就要了一箱雪茄；法国人天生浪漫，就要了一个美丽的女子相伴；而犹太人说，我只需要一部与外界沟通的电话。

三年过去了，第一个冲出来的是美国人，他嘴中塞着雪茄烟，并且，大声地喊叫："给我火，给我火！"原来，他忘记了要火；接着出来的是一个法国人，只见他手中抱着一个幼小的孩子，而且美丽的女人的肚子里还有一个孩子；最后，冲出来的是犹太人，他紧紧地握住监狱长的手说道："这三年来我与外界联系，我的生意进展得很是不错，比之前的利润增长了很多，为了表示感谢，我将会送你一辆豪车！"

这个故事看似荒诞，但它却告诉我们一个深刻的人生道理，即什么样的选择决定什么样的生活，你今天的生活状态是几年前的自己所选择的，而今天我们的选择将决定我们几年之后的生活。

成功的人生源于正确的选择。在市场经济下，人们会有很多的选择机会：得过且过与努力奋斗，懒惰混日子与踏实肯干，媚俗与坚守……是前进与后退、坚持与放弃、得到与失去……所以，学会选择，往往需要一定的智慧。

罗曼·罗兰说："一只鸟能选择一棵树，而树不能选择过往的鸟。"这句话告诉我们，鸟要选择一棵树是必然的，选择哪一棵树则是偶然的，除非鸟不能飞或者只剩下了一棵树。人的生活就如一棵树，一般来说，只有人去选择生活，或者说去适应某种生活方式。

在任何时候，选择对于人生来说都是极为重要的，然而，多数人在明白什么是正确的选择的时候，往往已经太迟了。当然，要做出正确的选择，关键要明白自己想要什么。听从自己内心的声音，才能激发出生命的激情与潜力，获得最终的成功。为此，在奋斗过程中，我们要时刻停顿下来，要结合自身的素质和条件、兴趣和特长，去选择自己的人生目标，走出一条适合自己的人生之路。如果选择了一条正确的道路，那么人生就可以少许多无谓的烦恼、痛苦和遗憾。

那么，什么才是正确的选择呢？其实很简单，正确的选择就是选择了以后不再后悔。你为自己以前的选择而后悔过吗？这些都是不重要的，后悔不后悔，都已经成过永远的过往，重要的是我们一定要清楚自己当下的选择。

如果当下的你还有选择的权利和机会的话，就一定要珍惜这种权利，紧紧地抓住这个机会，停下脚步，进行深入的思考，做出正确的选择，从而创造更为美好的未来。

03. 方向不对，是最要命的

在二十几岁，人生的方向不对，是最要命的。可想而知，如果你前进的方向反了，跑得再快有什么用呢？人如果没有了方向，速度就失去了其原有的意义，方向永远比速度重要得多。

现实中，我们经常见到这样的事情，还没有搞清楚前进的方向，就糊里糊涂跟着他人往前跑，比如有些人见很多人都想进外企，于是也跟着进外企，进去后，才发展外企并不如自己想象的那般好，离自己的目标越来越远。这时候，冷静地一想，跑了半天还不如不跑。

在工作中，也会出现类似的事情。有的人因为没有搞清楚工作要达到的目标，所以每天都忙忙碌碌的，最终却一事无成，出力不讨好。所以，做事在没搞清楚目标之前，一定要先冷静下来，思考一番，否则，只会让自己做无用功。

珍维斯是一位杰出的社会活动家。20年前，她遇到一位一条腿严重扭曲的男孩子，极富同情心的珍维斯立即将这个男孩带到了医院做了外科检查，之后，医生告诉她，经过一系列的手术，完全可以使这个男孩像正常人一样。但是，高昂的手术费让珍维斯很是为难。经过多方的奔走和努力，医院终于答应减免一部分的医疗费用。一位银行家开出了一张限额支票，小男孩的家人以及珍维斯本人也筹集到了一部分的资金。

一切都进展得很顺利。"终于有一天，那个小男孩居然像正常人跑了起来，"珍维斯回忆道，"当时我的泪水抑制不住地掉了下来。"

"当下，小男孩已经变成了一位健壮的小伙儿。"珍维斯向大家讲道："你们知道他今天在做什么吗？"珍维斯停顿了一下，说道："他因为抢劫正在监狱里度过他的三年刑期。"

说到此，所有的听众都感到惊讶至极，珍维斯已经是泪流满面。她哽咽着继续讲述道："这是我一生中最为愧疚的事情，我只顾忙于教他如何走路，但却忽略了一件更重要的事情，那就是教他该往哪里走！"

方向永远比速度重要！方向不对"努力白费"！我们的人生就像一次旅行，前进的速度随时可以加快，但在前进前一定要明确方向，我们切勿只顾匆匆赶路，不考虑努力的方向，结果却到了一个根本不值得去或者错误的地方。就像珍维斯一样，只教男孩如何走路，却忽略了教对方该往哪里走，最终造成了终生的悔恨，实为得不偿失。

前进过程充满了种种的诱惑和陷阱，我们一定要坚定自己的信念，眼光始终向着同一个方向，不三心二意，这样才能更快地达到成功！

在18世纪，欧洲探险家们都在努力寻找一块"新大陆"——澳大利亚。

当时的英国就委派弗琳达斯船长带船队，开足马力想寻找到一块宝地。与此同时，法国的拿破仑也想成为澳大利亚的主人，他派了阿尔兰船长驾驶三桅船一直往前跑。于是，英国和法国就展开了一场赛跑。

阿尔兰船长带领的船队率先到达了这块宝地，迅速地占领了澳大利亚的维多利亚地区，并将该地命名为"拿破仑领地"。随即几天，他们并未看到英国的船队到达，因此便认为大功告成，不再前进。

当法国人在领地休息时，在当地发现了一种极为奇异的蝴蝶，这种蝴蝶很好看，而且十分稀有。为了捕捉这种蝴蝶，军队全体出动，一直纵深追到了澳大利亚的腹地。

就在法国人追逐蝴蝶的时候，英国人也到了这里，他们看到了法国人的船只与营地，认为法国人已经占领了此地，这时，船员们个个都沮丧万分。但是仔细一搜寻，却未发现法国人。于是，船长就命令军队安营扎寨，并迅速给英国首相报去喜讯。

法国人兴高采烈地带着蝴蝶过来了，但是却发现维多利亚已经完全被英国人所占领，看着自己抢先占据的领地被英国人所占领，法国人因为一时的诱惑而偏离了原来的目标，结果才导致了功亏一篑，前功尽弃。

无论是工作还是学习，我们在行动之前一定先明白和看清楚自己的目标，注意自己的行进方向，这样一方面可以节省时间，另一方面还可以避免碌碌无为。要不断地提醒自己，前方的目标在哪里，是否偏离了原本的行进轨道。

在任何时候，我们都不要惧怕目标的遥远，正确的方向会让我们少走弯路，快速出成果，早日走上成功的道路。而错误的方向会让我们距离目标越来越远，如果方向错了，加快速度只会让我们错上加错，最终只会到达一个不该到的地方。

这也告诉我们：在"低头拉车"时，一定要学会"抬头看路"，看清楚前方的目标后，再努力，一定能起到事半功倍的效果。

04. 失败都是从不认识真正的自己开始

在雅典嗒尔非·阿婆罗神庙的石板之上，古希腊的先哲们在上面刻下了这样的箴言："认识你自己"。所谓认识自己，就是认清楚自己的性格。二十几岁的年轻人，初入社会，对"自我"还处于一种"混沌"的状态：我有优缺点在哪里，我是怎样性格的人，我的爱好是什么……这些问题，都是能使以后的人生少走弯路的重要因素。所以，在寻找自己努力的方向前，必须从客观地认识自己开始。

要知道，一种性格决定一种出路，人也只有真正地认清楚自己的性格，知道自己的长处所在，才能在现实中找到适合自己的人生发展方向，才能规划好自己的职业选择，这对于个人的成功，有着事半功倍的效果。相反，如果你在迷茫的状态下，在一个不适合或者不擅长的方向辛苦努力，成效可能会很小，甚至会无功而返。

生物学家达尔文在 16 岁就被父亲送到爱丁堡大学学医，这期间，他每天唯一能做的就是读大量的枯燥的医学文献，然后再回去写报告。

对于达尔文来说，那是一段可怕的噩梦一般的时光，在这个期间，他的脑海中经常盘旋着这样的意念：这不是我想要的，我要逃出去。几年的学医生涯，他并未取得任何成绩，而且还对医学产生了抵触感。其实，在学医期间，他自己就对自然历史产生了浓厚的兴趣，经常到野外去采集动物和植物的标本。

后来，他开始不断地反思自己，认识自己，曾经十分谦虚而又自信地谈到自己的性格："热爱探索自然，善于观察又十分喜爱收集事实材料，而且对问题都会不倦地思索、锲而不舍。"同时，他又客观地评价了自己的才能："我的记忆范围很广泛，但是都比较模糊……在想象力方面也不很出众，也谈不上机智。所以我应该是个蹩脚的评论家。"在清醒地认识到自己之后，他决定去做自己喜欢的工作，那就是自然科学。后来，他有幸进入到农学院，仍旧坚持自己的兴趣爱好。他的父亲曾认为他"游手好闲"、"不务正业"，一怒之下，在他19岁时，又送他到剑桥大学，改学神学，希望他将来成为一个"尊贵的牧师"。然而，在这期间，达尔文对自然历史的兴趣变得更为浓厚，完全放弃了对神学的学习。在剑桥期间，他结识了当时著名的植物学家亨斯洛和著名地质学家西基伟克，并接受了植物学与地质学研究的科学训练。后来，经过不断努力，在历经了5年的环球航行之后，在自然科学方面为人类做出了划时代的巨大贡献！

只要真正深入地剖析和了解自己的性格之后，才能更清楚地认识自己，找到与自身素质相对应的人生目标，凭着自身素质上的信号找到这个目标之后，才能用自身所长攻其一点，攻出成果，由此及彼，不断扩大。认清自身的性格，找到合适自己的发展方向和发展目标，开发属于你的领域，这是通往成功的一条捷径。

著名散文家朱自清在年轻的时候喜欢写诗，但是，几乎从没写出好的作品来。后来，他开始深度地剖析自己：模糊而不清晰的内在感情，对外界事物不敏感，诗情枯竭，不自然，纯粹是从脑子中虚幻出来的。后来，又因为改写散文而一举成名！

每个人的性格是不尽相同的，但是都具有自己的某种优势，都有最适合自己的工作、事业。有的人富于幻想，有的人比较有耐心，有的人多灵气，有的人善于分析，有的人善于表演，不同的性格所适合的职业和事业是不同的，只要你能够准确或者大致对应地找到符合自身性格的奋斗目标或者奋斗方向的时候，机遇就会或早或晚、或近或远地停留在这个方向的轨迹上面，成功便自然会垂青于你。

人最大的失败在于不认识真正的自己，因为不明白自己的优、劣势所在，更不能准确地找到适合自己的职位、发展方向，不能最大限度地发掘自身的潜力，最终一无所成，一败涂地。

现实生活中，很多人为什么会活得累呢？许多人都想得到答案，你可能也在内心发出过类似的呐喊！每个人都有压力，压力一方面源于生存向我们的索取，另一方面主要产生于自身。我们因为不能清晰地认识自己，总是在相当长的时间内在不适合自己的领域迷茫地重复那些无效的人生程序，多数人的苦恼都由此而起，难道不是吗？

05. 穿合脚的鞋子，才能健步如飞

"穿合脚的鞋子，才能健步如飞"，其实是告诫当下的年轻人，一个人只有选择适合自己的职业，才能让自己比同龄人飞得更快，跑得更远。

那么，什么才是适合自己的职业，即为与自身性格相符合的职业。比如内向型性格的人一般都喜欢做一些思考、研究性质的工作，也更容易在这方面作出成绩来；而外向型性格的人，则比较喜欢交际、沟通、交流，也更容易在该领域中成为卓越的人。也就是说，一种性格决定一种出路，你的性格也决定了你该从事什么样的行业。所以，要想迈出成功的第一步，就要深入地认清楚自己，深刻地剖析自己的性格特点，然后，选择适合自己的行业、职业，这样更容易成功。否则，你会在人生

生涯中步履维艰。

高明生性内向、腼腆，毕业后看到周围的很多同学都去做销售工作，并且取得了不错的成绩，所以，也开始做起了销售。因为他不善于与人沟通，又没有团队合作意识，两个月也没能拿下一个订单，为此他也痛苦至极，就辞了职。

离开公司后，又开始着手找第二份工作。然而，他是个不轻易服输的人，为了挑战自己的个人能力与性格，决定到一家大型化妆品公司从事产品代理工作。

一位朋友知道他的职业意向之后，就劝他放弃这样的努力，但是没能够成功。在工作的后期，他每天出门之前，内心都会有剧烈的挣扎，他内心根本不愿意出门去面对那些客户，他觉得在公众场合与人交流是一件痛苦的事情。经过一番思想斗争之后，他决定放弃了。

有一天，他问朋友说："当初你怎么知道我最终会放弃这样的工作？"

朋友说道："你的性格比较内向，根本不适合这类工作。"

选择与自身性格不相匹配的职位，不仅不容易作出成绩，也会给你带来更多的焦急、痛苦和紧张。合脚的鞋子能够使你轻松自如，健步如飞；而不合脚的鞋子只会夹脚。更为可怕的是，它不仅会使你走起路来别扭、难受，甚至还会磨破你的脚。穿着不合脚的鞋子，你可能就会与成功失之交臂，就可能在人生的跑道上与冠军擦肩而过。

如果你能够准确地认清楚自己的性格，并明确在哪种环境下工作才更舒服，更能发挥自己的潜能，然后选择最适合自己的工作或岗位，那么，你一定能够运用你自身的性格优势，取得成就。

李翔是一家公司市场部的销售员，他性格随和，善于交际，工作努力。在这样的岗位上，可谓如鱼得水，两个月后，因为表现良好，就被提拔为公司的销售主管。他的工作重点从原来的与客户交流、沟通，变为区域性的调查数据分析、市场调查和广告营销策划等工作。同事和朋友都极为美慕李翔的新职位，起码他再也不用每天辛苦地外出拜访客户了，更不用每天痛苦地应付各种酒局、饭局了。而李翔自己却痛苦十分。他觉得自己的工作太枯燥，他宁愿每天冒着烈日去拜访客户，宁愿每天出去应酬。

如果你是上述事例中的李翔，当性格与职业相冲突时，是选择改变性格还是改变职业呢？生活中，很多人都会从自身利益出发，选择去改变自己的性格，做出"削足适履"的蠢事。

"江山易改，本性难移"，一个人的性格是极难改变的，而换个职业却是极容易的，既然行行都能出状元，何必要花费极大的代价去做"本末倒置"的傻事呢？适合自己的就是最好的，这是生活中极为简单的道理，可有人却要花上几年甚至几十年的代价才能领悟。

一个人的职位与他自身的性格相符合，再枯燥、痛苦的工作也会变得丰富多彩，趣味无穷，也能最大限度地激发他的工作激情与工作潜能。反之，一个人的性格与职业不相符，那么，这个人只会每天被动接受，疲于应付。可以说，一个人所从事的工作是否与其性格相符合，直接关系到人生事业的成败。

一种性格决定一种人生出路，你的性格也决定了你该从事哪类行业。从现在开始，认清自己并给自己一个正确的行业、职位选择，它是你向成功迈出的第一个步伐。

06. 准确的方向，先去认识自己，清点自我

一位企业家曾针对当下二十几岁的年轻人说过这样的话："他们缺乏的不是经验，不是机会，更不是钱，而是真正认清自己、认清时代的冷静与清醒。"可见，认识自我，清点自己，对二十几岁的人有着至关重要的作用。人也只有真正地认识自己的性格特点，明确知晓自己的优缺点，能清晰地清点出自己的长处和短处，才能更客观地寻找到努力和发展的方向，才能更准确地规划好自己的职业选择，这对于个人的一生的成就，有着事半功倍的效果。相反，如果你在迷茫的状态下，在一个不适合或者不擅长的方向辛苦努力，成效可能会很小，甚至会无功而返。

一位大学生，因为来自一个条件艰苦的偏远的山区，所以在学校学习时很刻苦，上课认真听讲，做好笔记，在没课的时候一定会在自习室埋头苦学。几年后，就以优异的成绩毕业了。毕业之后，他自视清高，他给自己定下了一个极高的目标，那就是通过5年的奋斗，要在这座城市买房购车，10后，要过上"有钱有闲"的生活。

要达成这个目标，他必须要选择那种高收入的行业才成。到人才市场了解一番之后，他打算去做销售，因为只有在这样的岗位上努力，才能让自己尽早成功。在极为盲目的情况下，他就选择到一家电子销售公司做业务员，底薪很低，但是他坚信，只要自己付出努力，就一定能拿到高额的销售提成。

然而，现实总是残酷的，5年转眼间就过去了，他还在自己的岗位上不停地挣扎，为买房子而焦头烂额，原因是，他内向的性格根本不适合做销售工作，每次见客户或者约客户吃饭，都难受万分，尽管很努力，

15

但是因为性格内向，不懂得沟通技巧和说话方式，无法得到客户的喜欢，几年下来，销售业绩平平，拿的薪水也只能够解决最基本的生活问题，更别提实现自身的目标了。

5年后，他对自己当初的选择懊悔不已，深刻地认识到如果他当初及早地认清楚自己，选择一份研究性质的工作，也不至于走到这样的地步。

不是只要付出努力就能得到回报的，在不认清楚自己的情况下，盲目地选择，只会让自己成为一只失去方向感的苍蝇，最终忙忙碌碌，一无所成。所以，从现在开始，在做选择之前，只有认清楚自己，认清自己的性格、特长，清点自己有多少做事的能力，才能结合现实，找到属于自己的位置，发挥自身的特长，成就非凡的人生。

那么，在现实中，我们如何才能更清楚地认识自己呢？

1. 首先要认识自我与社会、个人与集体的关系。就是要认清楚现实，不要想当然地认为，凡事只要努力就可以走向成功。要知道，社会是现实的，并非每条道都可以通向成功，只有将自我的特点与社会融洽地结合起来，才可能打通成功之道。

2. 认识自己要明确地知道自身的性格特征，同时也要看到自己的长处、优点，又要看到自己的缺点和不足。在选择的时候，要尽量选择那些能发挥自身长处的岗位，这样你才能充满信心，迎接生活的挑战。

3. 清点自身的做事能力，就是明白自身具备哪些技能、素养，正确地估算自己目前能做哪个层次的工作，给自己一个合理定位，在合理的岗位上不断增高自己，以步步靠近成功。

当然，以上三点是认识自己，清点自己的基本点，对于不同的人，在人生起步阶段，在面对不同的选择的时候，还要根据现实情况，综合详细地剖析自己，这是你迈向成功的基础。

07．发挥你的优势，做最好的自己

俞敏洪曾说过这样一句话："如果是一个人围着一件事情去转，到最后世界可能都会围着你转；但是一个人围着全世界去转，最终全世界可能会将你抛弃。"其实，在这里，他是在告诉人生起步阶段的年轻人，一定要给自己准确定位，找到自我努力的方向点。要知道，一个人只有把精力用到一个地方，才更容易成就事业。

如何给自己定位？如何才能找到自我努力的方向点？就是要找到你最擅长的领域，即发挥自我优势。只有懂得发挥自身优势的人，才能取得最终的成功！所以，处于人生起步阶段的我们在选择个人职业的时候，首先应该清楚自身的优势是什么，在什么样的职业和岗位上才能够发挥自身的优势。

现实中，很多人都不是以自己的优势为基点去找工作，对自己所蕴藏的巨大潜能视而不见，仅仅会为了所谓的"高报酬"、"面子"、"荣耀"等因素去选择一个不适合自己发展的职业。当最终一无所成时，还固执地认为机会不垂青于自己，或者喟叹自己命该如此。

富兰克林说："有事可做的人就有了自己的产业，而只有从事天性擅长的职业，才会给他带来利益和荣誉。站着的农夫要比跪着的贵族要高大得多！"这就告诉我们，如果你只能在一些普通的岗位上发挥自身的性格优势，那么，你也一定要尽力去做，而且要做得比别人好，同时也要全力以赴、满怀热情、卓有成效，用自己独特的做事方法使一件普通的事情变成一件艺术，然后再将普通的工作开拓成一件有意义的事业。同时，还要注意工作中所有的知识和细节，一定要全神贯注，百折不挠，平凡的成就属于拥有这种性格的人。决定你是否能做到最好，不取决于报酬的多少、身份的贵贱，而主要取决于你的心态，是否有实现自我理想的强烈愿望，要看你的优势能否得以充分的发挥。一些成功人士，都是从小事一点一滴积累，才创造了最好的自己。从茶馆小伙计做起的李嘉诚，从跑龙套做起的周星驰，鞋匠的拿破仑……决定成败的不是你从事的行业、职位，而是能否做一个最好的自己。

如果你的性格要求你从事教师，你就做一个教师；如果你的性格要求你从事清洁员，你就去做一名清洁工。给自己准确"定位"，坚信自己的选择并不懈地努力，到最后就一定能够获得成功。

在宾西法尼亚村，有一个卑微的马夫后来成为了美国一位著名的企业家，它叫查理·斯瓦布。他成功的秘诀就是：每提升到一个新的职位时，从来不会把薪水和位置放在心上，他注重的是与自己以前从事的职业进行比较，新职位是否有更大的前途，尤其是否对个人成长有帮助，所以，在任何职位上，他都能够兢兢业业，工作极为专注。

其实，斯瓦布出生于贫苦的家庭之中，没受过什么教育，在他14岁的时候就在山村中赶马车。在17岁时，就谋得了另外一个工作，每周只能够获得20美分的报酬。然而，他仍旧留心找其他的发展机会，不久一个工程师来招工，去一家钢铁公司的一个工厂去做工人，每天能获得1美元的报酬。在做工人的时候，他就兢兢业业，曾经自信地说道："终有一天，我会做这家公司的总经理，我一定能做出一番大的成绩来，让老板主动去提拔我。我不会过于去计较报酬的多少，薪水的高低，只需拼命地工作，使我的工作能力和工作成效，远远地超出我的薪水之上。"有了这样的决心，他每天就抱着乐观的态度，充满信心地努力地投入工作中。

果然，没多久之后，他就被提升为建筑部门的技师，接着又升任部门的总工程师。到了25岁的时候，他就当上了那家房屋建筑公司的总经理。到了40岁时，他就擢升为公司的总经理。

其实，斯瓦布的成功秘诀只有一个，那就是每次到一个新的职位之后，他总是以同事中最为优秀者为目标。他从未像一般人那样去为了报酬或薪水去应付工作。他自己也明白，一个人只要有决心，肯付出努力，不畏艰难，就一定可以成为极为成功的人。所以，只有在最适合自己的岗位上，踏踏实实，精益求精，不妄想一跃成功，保持乐观的心态，终有一天会取得巨大的成功。

斯瓦布的成功就在于他能准确地找准适合自己的位置，并且还能在自己的岗位上脚踏实地，付出努力。然而，现实中的我们并不是都像斯瓦布那么幸运，在定位和择业上难免要犯错误，然而犯错误并不可怕，可怕的是我们对自己所犯的错误始终不予理会，依然盲目地前进。

对一个人来说，究竟什么是最好的工作？适合自己的就是最好的。其实，对于自己想要什么，自己内心最清楚，周围人的意见并非那么重要。

关于此，HP 大中华区总裁孙振耀在自己的退休感言中这样写道："很多人在选择第一份工作的时候，总是会受他人影响，亲戚的意见，朋友的意见，同事的意见……问题是，你究竟是要过谁的一生？人的一生不是父母一生的续集，也不是儿女一生的前传，更不是朋友一生的外篇，只有你自己对自己的一生负责，别人无法也负不起这个责任……"在关于什么是最好的工作时，孙振耀这样写道："真正的好工作，应该是适合你的工作，具体点说，应该是能给你带来你想要的东西的工作，你或许应该以此来衡量你的工作究竟好不好，而不是拿公司的大小、规模，外企还是国企，是不是有名，是不是上市公司来衡量。小公司，未必不是好公司，赚钱多的工作，也未必是好工作。你还是要先弄清楚你想要什么，如果你不清楚你想要什么，你就永远也不会找到好工作，因为你永远只看到你得不到的东西，你得到的，都是你不想要的。"

成功源于恰当地选择，人生在于果断地放弃。所以，在给自己准确定位的时候，我们无须再过于计较所谓的"薪水或报酬"、"面子"、"他人的意见"、"荣耀"等，而是要选择那些最适合自己发展的职业，这是你人生成功的起点。

从现在开始，你可以扪心自问：有没有觉得只要面对或提及工作时，脑袋就像一团乱麻？有没有觉得自己的性格使你很难真正投入到工作中去？有没有觉得自己的工作让你很不开心甚至痛苦？有没有觉得很想换个工作？有没有觉得现在的公司根本没有当初想象得那么好？有没有觉得自己当初完全是为了生存压力而来的，实在不适合自己？你从你现在的工作中真正得到了什么，学到了什么？对你的工作有成就感吗？

对于上面的问题，多数的回答是肯定的，那么，你就该好好反思一下自己的"定位"是否准确了，该冷静地反思一下自己的选择是否正确了。这个时候，你必须要学会选择，懂得放弃，重新认识自己，给自己一个明确的定位，使自己稳定下来。如果你不主动定位，终有一天会被别人和社会所"定型"，最终只会一事无成。

可以这么说，一个人在最初选择的行业或者岗位，直接决定着他一生的高度。你能否成功，在某种程度上取决于自己是否能够真正地认识自己的性格，给自己一个正确的评价，这就是定位。你给自己定位是什么，你就很可能会是什么。定位决定人生，定位也能改变命运。

08. 你必须要为你的人生做个规划

找准了你的职位和努力的方向之后，接下来，就要给自己的人生做个长远的事业规划。

一个人的工作生涯是漫长的，比如你当前是 25 岁，到 50 岁退休，那么，你的工作生涯就是 25 年，这 25 年的工作时光如何度过，必须要做个长远的详细的规划和打算。

有了长远的事业规划和发展计划，才能明确目标，确定实施细则，促使自己朝着这个方向分步骤、有理性地逐步实施，从而推动事业稳健地向前发展。

在奋斗的过程中，无论你多么地意气风发，足智多谋，无论你花费多大的心血，如果不给自己的事业做长远的规划，你可能会过得很茫然，甚至会感到消极，渐渐地丧失斗志，甚至会忘了最初的梦想，枉费了自己的聪明才智，贻误了自己的青春年华。

荷马史诗《奥德赛》中有一句至理名言："没有比漫无目的地徘徊更令人无法忍受的了。"网上曾流行这样一句话，是专门针对毕业后的大学生的："毕业后这 5 年里的迷茫，会造成 10 年后的恐慌，20 年后的挣扎，甚至一辈子的平庸。如果不能在毕业这 5 年尽快冲出困惑、走出迷雾，我们实在是无颜面对 10 年后、20 年后的自己。"多数人会在毕业的前 5 年中迷茫，是因为他们没能准确地了解自己、认识自己，找准自己的发展方向，更无法提及给人生做规划了。

其实，在各个行业中，都有极为出色的人才，他们的存在，就是因为他们比其他人更早地给自己的人生阶段做了规划，设立了目标。一个人仅有高超的专业技能是不够的，有职业规划的人才能飞在他人的前面，让人难以超越。

有的人只为个人生存而雀跃，目光总是停在身后，或者只看到眼前的利益，三天打鱼两天晒网，有始无终，最终一事无成。

有的人却为发展而奋斗，目光总是盯在人生的正前方，每天进步一点点，坚持不懈，最终取得了巨大的成功。

郑波和刘涛都是热情、开朗的人，两人同时毕业于一所名牌大学的经济系，并同时进了一家外贸公司做普通的销售员。郑波很喜欢这份工作，在入职三个月后，就针对公司部门的实际职位构成，给自己做了极为详尽的职业发展规划，计划在一个月内熟悉市场，并拿下一个订单，获得留职资格。在两年内做到销售小组长的职位，五年内做到销售主管的职位，同时还有十年计划、二十年计划，不同的发展阶段都有不同的目标，还有极为详尽的实施计划和规划。每天都在为自己的目标而不断地努力前进，不断地给自己充电，考了英语证书，不断地提高自己的专业水平。在与客户沟通的过程中，也不断地总结，掌握了不同客户的心理特点，锻炼自己的口才，经过不断地努力学习，五年后，终于坐到了销售主管的位置，收入也比五年前提高了几倍。

而刘涛则每天只是为自己的生计而工作，并没有规划好自己未来发展之路。在工作一年之后，就结了婚，又购了房，生活的重压，使他无法脚踏实地地工作，其间，不断地更换工作，频繁跳槽，五年之后，一无所成，还在一家电子公司做着普通的销售，基本上拿着五年前水准的工资。

有规划的人生是踏实的，是时刻充满希望和激情的，按照目标稳步前进的过程，不但丰富了你的生活，同时也带给你步步收获的愉悦，减少了失败的烦恼，或者与别人比较之后失意的喟叹。记住，在任何时候，你的事业都需要一份详尽的规划表。

有的人将自己的人生以十年为一个阶段进行了划分，比如10～20岁为人生的学习期；20～30岁为人生的奋斗期；30～40岁为事业的巩固期……将你的人生规划整理出来之后，你就可以清楚地看到实现人生梦想所要经过的途径。但是，这只是一个极为笼统的规划，你的人生没有几个十年。在这个基础之上再细化你的计划，可以细化到制订详细的读书和工作计划。比如，你是一个会计师，你可以这样规划，一个月内，熟练操作公司的财务软件；三个月内，看完一本财务管理方面的专业书籍……目标应该清晰明了，要与现实生活密切相关，并且要在你能实现的范围之内。这样才能够脚踏实地、一天天地逐步推进你的事业大计划。

09．以"爬山精神"去经营你的目标

在二十几岁，当你有了目标或梦想后，就要用"爬山精神"去经营你的目标。对于此，新东方董事长俞敏洪说："所有结婚的人都有所感受，当你追女孩的时候就是目标，当你结婚了追到手了就是成功，当结完婚了很迷茫了，就是离婚了。把这个说法拓展一下，一个成功就是一个所谓的过程，当你想爬到那个山上以后，从山脚下爬山到达山顶的过程，每往上走一步，每绕过一个石头，每穿过一个森林就是一个生命过程，经过这个生命过程也是一个成功，所以成功要做到两个：达到目标；走过那个目标的过程，不管怎样走，只要能达到就是成功，但是当你得到成果后还有新的目标出现，当爬过山头的时候会发现还有另外一座山头等着你，通常那个山头比这个山头高，你就继续往前。"就是告诉我们，成功是一个目标接着一个目标不断跨越的过程，要达到最终的成功，就要将自己的大目标分割成一个个的小目标，给自己的人生做个规划，进而不断地鞭策自己，最终实现大目标。

对此，卡耐基也有相似的理论："我非常相信，及时把自己的大目标分划成几个小目标，给自己的人生做个基本的规划，是获得心理平静的最大的秘密，因为我心中时刻充满了信念。而我也相信，只要我们能定出个人规划来，什么样的事情都是值得我去做的。并且我能够清楚地知道自己的下一步该去做什么，我需要过一种什么样的生活。如此一来，至少可以消除掉我 50％的顾虑！"由此可见，要实现你的大目标，做出一番大事业，单单享受实现阶段目标和积聚财富的快感是不够的，而应该

不断地挑战自己，向更高的山峰攀登，眼睛盯紧一个大目标，在这个如同北极星一样的目标的驱使下，你才能够一步步地走上人生的巅峰，实现自己的人生价值。

生活中，很多富商曾经十分富有，而且深谙做生意的妙招，然而却在自己的钱财越来越多的时候，满足于当下的生活，放弃了继续努力的事业，选择了消极度日，沉迷于赌博式的生活，最终因为赌博而失去了自己所有的财富，让人生回到一个新的起点，这样的人生是失败的，是不能长久地维护自己的财富的。

最新的调查显示，全球大部分的超级富豪在过去的20年都不能够很好地守住巨额的财富，他们的"败家率"达到了80%。有人就将《福布斯》杂志最新的全球400位首富排行榜与20年前的进行了对比，结果发现，平均每5名超级富豪中，仅仅只有1名能在榜上屹立不倒。大多数富豪破产的原因，除了巨额财富增加了管理的难度之外，就是因为满足于现状，不注意节约自己的开支，挥霍浪费自己的财富，最终导致破产。

要想成为笑到最后的人，一定要不断地挑战自我，挑战人生的高度，这样才能在成功的道路上越走越远。生活中，有些人在前进的道路上步步向前，极为充实；而有的人则止于中途，让心灵感到迷惘，其主要原因就在于，后者没有为自己的生命做好一个规划，满足于眼前的状态，最终一败涂地。

早期的太空英雄巴兹·奥尔德林在自己成功地登陆月球后不久就精神崩溃，他的亲朋好友都对他的遭遇感到极为困惑，因为奥尔德林在登月之后，其感情和家庭方面都很春风得意。

几年后，奥尔德林在他撰写的一本书中回答了周围人对他遭遇的这种疑问。奥尔德林这样写道："导致我精神崩溃的原因很简单，因为我忘了自己在登月之后，自己以后该做些什么！自己如何才能继续生活下去。"

这就是说，奥尔德除了登月这件工作之外，在其他方面没有任何的目标，对自己的人生从来没有做过规划。所以，他一回到地球，便无法在真空中找到一个属于自己的生活方向，最终使自己的精神处于崩溃的边缘。这也如我们登山一样：如果是一条我们曾经走过的熟悉的道路，或者我们在出发之前仔细阅读过地图，便可以知道前面有一些什么，知道再走几百米就可以休息，再走多远就有一处美丽的风景，这样有规划地走起来，会觉得自己的全身都充满了力量。如果我们的前面是一条完全陌生的路，那么，我们可能走几十米就会感到气喘吁吁，最终把自己累得苦不堪言。

我们自从来到这个世界上，一生都是在赶路的过程，而路时刻就在自己的脚下不断向前延伸。只有知道方向的人，才能在人生空间的坐标中找准自己的位置，才知道自己为何要向那个方向前进。而不清晰方向的人，则永远不知晓自己的具体位置，不知道未来要去向何方，更不知道自己存在的意义。所以，从现在开始，请为我们的人生做出一个合理的规划，为生命的每一天都列出一个清单，并努力踏着你的规划向前，相信这样，你永远不会感到迷惘，最终也能收获到梦想的果实，获得有意义、快乐的人生！

10. 无论起点有多低，都要坦然接受

在二十几岁，你一定要坚定的一个信念是：无论你的起点有多低，都要坦然接受。要知道，任何一个人要成就事业，都是需要一个漫长的过程的。它就像是参加一场马拉松比赛，有初赛、复赛和决赛。初赛的时候，大家都刚刚进入社会，实力一般，这个时候，你一定要摆正心态，

只有坦然接受，才更有耐心地去付出和努力，这是让你脱颖而出的一个重要资本。正是依靠这一资本，很多人在二十多岁就做了经理。要想成为这一群人中的一员，最为重要的就是要能够从小事做起，做他人不愿意做，做别人认为最低下、最卑微的事情，千万不能眼高手低，做好每一件小事是你赢得初赛的资本。

生活中，经常看到这样一群人，他们在任何一家公司待的时间都很短，他们的年纪不小，但永远是职场上的新人。他们总是觉得自己能力超群，不能受到重用，无可奈何之下，就离开公司再跳槽到另一家。几年下来，没有练就一项专业特长或技能，没有积累任何经验，最终一事无成。这些人在工作的时候，往往瞧不起那些小工作，即便是做了，也不是心甘情愿，总觉得自己被屈才了，受委屈了。结果大事没做好，小事也干不了，什么成就都没有。这种人往往自认为自己身怀雄才大略，却因为缺乏踏实、肯干的心态无法受到领导的器重。然而，可以试想，一屋不扫，何以扫天下？小事情做不好，如何做成大事情呢？想做大事，就一定要有做大事的能力和心态，而这种能力则是经过一点一滴地不断积累而成的，并非学到什么就可以马上用到工作中来。如果你每天总是想着一些不切实际的"大事"，不仅实现不了你的雄心壮志，连自己面前的饭碗都有可能保不住。

饭要一口一口地吃，仗也要一场一场地打。即使你想受到重用，也要从小事情做起。如果总是眼高手低，最终只能以失败告终。

曾经有记者采访李嘉诚时问道："您的企业选用和启用年轻人的标准是什么？什么样的人是你最喜欢的？什么样的人您不敢用？"

李嘉诚语重心长地回答："不脚踏实地的人，是一定会当心的。我看人并不保守，但是我认为，一个根本不好的人，还不懂得脚踏实地，这样的人信用就有问题，无论你如何有才，都是第二位的。"

天上不会掉下馅饼，从来没有不需要付出任何辛苦努力的工作，也没有唾手可得的收获。工作需要你付出体力、智慧和时间。只有乐意主动吃苦，锻炼自己，才有可能得到应得的利益。你的吃苦耐劳带给企业的是业绩的提升与利润的增长，而带给你自己的则是知识、技能、才干、技能和经验的积累和增长，还有源源不断的机会。当然，还有源源不断的财富的增长。

高奋是一家大型机械生产公司的董事长，在过去十几年的经验积累之中，他将自己规模不大的厂子发展成为当下的上市公司。在接受媒体采访时，他深有感触地说起了自己的成长经历：

在刚刚毕业上班的时候，高奋只是一个车间实习生。公司从原材料、制浆、再生产到出厂，所有的生产流程一共有25个车间，我被安排到其中的10个重点车间去实习。主要目的是进一步了解公司的情况，熟悉公司的设备运作与生产流程，同时还要与职工交流沟通，参加各种体力劳动，经受各种酷暑和体力劳动的考验以磨炼自己的意志。我豪情万丈地开始了学习，因为我觉得我需要这样的一个锻炼和接受考验的机会，这是我在公司站稳脚跟的基础。

我在车间开始一丝不苟地工作，十分注意观察和了解公司的工艺流程、掌握生产原理，并与员工聊天不断地拉近与他们之间的距离，遇到体力活，我会动手搬运、推车、打件等等。我实习车间的温度高达50摄氏度，每天早上六点多钟就进车间，不到几分钟，我的衣服就会被汗浸透，一天要换几件衣服。但是我觉得正是那一个月的辛苦，才让我更彻底、更详细地了解了公司的运作流程以及各个部门的生产细节，这为我以后改进生产工艺奠定了坚实的基础，也是我将企业做大做强的基础。

由此可见，一个人的才能和经验都是从基层的各种细节工作做起的，只有脚踏实地，一点一滴不断积累，才能够一步一步地迈向成功。

阿里巴巴首席执行官马云曾经有过这样的一番精辟的论断："所有的MBA进入公司之后，首先都要从最基层的销售员做起，如果在6个月之后能够留下来，就可以继续留任。因为我想给他们更多的时间进行历练，只有沉得低，才能够跳得高。"

其实，这个世界上从来就没有什么"世外桃源"，任何工作都不如自己想象得那么完美，也都有不尽如人意的地方，作为一个有责任的人，要正确地对待工作中出现的一些问题、挑战，勇于从小事做起，敢于吃苦，在小事中不断地提升自己的能力，才能迎来更加美好的职业前景，最终的理想才能得以实现。

第二章

这 10 年，你必须要明白的几件事

01. 入对行能成事，跟对人早成事

在二十几岁，人生的起步阶段，经常会面临各种选择题，选对了，平步青云，选错了，就会多走些弯路。我们在选择自己人生方向的时候，入对行，选择好职位是第一位的，同时还要关注另外的问题，那就是选对老板，跟对人！

在人生的起步阶段，如果能遇到一个好老板、好上司，那你就是非常幸运的。这里的好，并不仅仅指人品好，而是他愿意慷慨无私地提升和培养下属，能想方设法从下属的角度去考虑问题，能始终以提升下属的生活水平为己任，不与下属斤斤计较。跟着一个好好先生干，工作起来尽管没压力，但是发展空间却是十分有限的。要记住，工作中的许多技能与做事技巧，不完全是靠培训来的，也不是靠看书本学来的，而是跟着一个好领导多看、多琢磨，体悟出来的。如果在工作中，你有机会得到老板的信任，那你就能够很快地领会老板的工作思路，掌握他处理

问题的方式，学习他的工作节奏以及处理疑难问题的技巧，那么，你一定会比其他人成长和进步得要快，也能够比别人更早地走向成功。

老的领导能够通过工作中的点点滴滴，在潜移默化中开发你的悟性，在不知不觉中开拓你的做事能力，这对你一生的影响是极大的，会让你及早走向成功的快车道。

那么，如何判断你是否跟对人了呢？什么样的老板才算是好老板呢？其实，你值不值得跟着一个人，完全可以通过一个细节进行考察：这位老板，有一天发达了，你要仔细考量跟他最久的那个人现在过得怎么样，处于什么样的位置上。要知道，跟他最久的那个人无论其能力如何，但至少是最为忠诚、可靠的，如果这样的人老板都不提携，都不委以重用，那么，你再努力，再卖命，也不大可能达到跟他最久的那个人那样好。那些卸磨杀驴、过河拆桥或者私心极重的老板，你最好离他远远的，以小心他的不良品质"传染"给你。

记住，你成功的速度，来自于你所跟的人。如果你每天跟一个成功的上司在一起，他就像是太阳一般，那么改变就在一瞬间！所以，一个人成功与否，很大程度上取决于他是否拥有一个成功的环境。跟对人，才能够做对事；而跟错了人，你的整个世界可能就错了。而这个环境你也是可以选择的，在人生的起步阶段，你完全可以选择一个积极正面的环境，而不必去消耗你的能量去抵抗一个消极负面的人际环境，这对你的人生至关重要。

一位年轻人去拜访一位成功的企业家，当天，企业家刚好有事要出去办，这位年轻人就跟随企业家一同从他的办公室出来，到隔壁的酒店去见另外一个客人。

在行走的过程中，这位企业家健步如飞。这位年轻人尽管个子很高，腿也很长，走路的速度也极快，但与这位企业家在一起的时候，却要一路小跑才能够跟得上。看到年轻人慌乱的样子，企业家回过头望望他，微笑着对他说道："如果你想超越你的竞争对手，你必须要在做每一件事情的速度方面，比对方快 30％。"

这时候，年轻人算是真正领教了什么叫普通人，什么叫成功人士了。他觉得，每天能够跟这样的人在一起做事，你想不成功都难，想不改变都很难！

我们永远没有办法选择自己的出生环境，可是，我们却有办法选择自己生存和成长的环境。你所选择的环境往往决定了你的命运，选择比努力更重要，选择对了环境，跟对了人，改变可能只在一瞬间！

只有跟对人，才能早成事！入行后，跟个好领导或好老板，可以让你少奋斗几十年。刚进入社会的人做事往往没有经验，需要有人言传身教。对于一个人的发展来说，一个好的领导是极为重要的。评判一个老板是否符合"好"的标准，具体可以从以下三点出发：

首先，好领导要有宽阔的心胸。

如果一个领导每天情绪不平，喜怒无常，经常因为一点小事发脾气，那就可以肯定他不是一个心胸宽阔的人。在该发脾气时却不发脾气的领导，多半是极为厉害的领导。另外，心胸宽阔的领导是能容忍的领导，能容忍下属比他有才能，能容人之短，用人之长。如果一个领导有能力，但手下却是一群庸才或者手下是一群闲人，如果处于这样的环境中，那你还是不去的好。

其次，领导要愿意从下属的角度来考虑问题。这一点，你其实完全可以在面试的时候就能看出来。如果这位领导总是从自己的角度去考虑问题，几乎不听你说什么，那这就是极为危险的。能从下属的角度来考虑问题并不代表同意下属的看法，但是他必须要深刻地了解下属的立场，下属为何会这么想，然后，他才会有办法去说服你，只关心自己如何去想的领导往往极难获得下属的信服。

最后，敢于承担责任。如果工作一旦出现了问题就往下推，有了功劳就开始往自己身上揽，这样的领导最好不要跟。选择领导，最好选择那些在关键时刻能扛得住的领导，能够为下属的错误买单，这是一个领导的基本责任，也最能看出一个领导的心胸。

总之，在人生的起步阶段，谨慎选择一个适合自己的行业，不让自己今后几十年的人生在提心吊胆中度过；同时，也要谨慎选择一个好老板，这样才能让自己成长得更快。当然，并非每个人都能遇到好领导，在这样的情况下，你要多与周围的那些"强"人打交道，为自己的人生找一个好的指导老师。切勿与一群郁闷的人一起控诉社会、控诉老板，这样只会让你更郁闷、更消极。多与那些比你强的人打交道，看他们是如何想的、如何做的，不断向他们学习，然后让自己尽快走向成功。

02. 个人的成长比成功更重要

个人的成长比成功更重要，这也是二十几岁的年轻人必须要明白并且懂得的。当然，在懂得这个道理前，先看这样一则寓言：

一棵苹果树，终于结果了。

第一年，它结了 10 个苹果，9 个被拿走，自己得到 1 个。对此，苹果树愤愤不平，于是自断经脉，拒绝成长。第二年，它结了 5 个苹果，4 个被拿走，自己得到 1 个。这时，它却很高兴地笑起来："哈哈，去年我得到了 10％，今年得到了 20％！翻了一番。"这棵苹果树的心理终于平衡了。

但是，它还可以这样：继续成长。譬如，第二年，它结了 100 个苹果，被拿走 90 个，自己得到 10 个。

很可能，它被拿走 99 个，自己得到 1 个。但没关系，它还可以继续地成长，第三年结出了 1000 个果子……

对于苹果树而言，得到多少果子不是最为重要的，而最为重要的是，苹果树在成长！等苹果树长成参天大树的时候，那些曾经阻碍它成长的力量都会微弱到完全可以忽略。所以，对于苹果树而言，最好的生长法则是，在任何时候都不要太过在乎能结出多少个苹果，成长是最为重要的。

这则寓言给我们现代人以这样的启示：你是否是一个自断经脉的打工族呢？

刚入职场时，你觉得才华横溢，于是意气风发，坚信"天生我才必有用"。但对于无经验且刚入社会的新人来说，一般情况下，企业或公司都会分配给你一些零碎的，看似无关紧要的工作：打印文件、端茶倒水、跑腿打杂，你苦闷难当，觉得自己的才华被埋没；或许，你刚开始能为单位做出贡献却没受到重视；或许，你只得到口头的重视但却得不到实惠；或许……总之，你觉得就像那棵苹果树，结出的苹果自己只享受到了很少的一部分，与你的期望相差甚远。于是，你便开始消沉、失落、愤怒、懊恼，甚至牢骚满腹……最终，你决定不再那么努力，让自己的所做去匹配自己的所得。几年过去后，你一反省，便发现当下的你，完全已经没有当初的才华和激情了。

"看穿了，看透了，成熟了。"多数年轻人都习惯于这样自嘲。但是实际上，你已经完全停止成长了。

这样的故事，在我们身边比比皆是。许多年轻人之所以会犯这样的错误，是因为我们忘记了，生命本身就是一个历程，是一个整体，他们总觉得自己已经成长过了，现在是该到结果子的时候了。我们都太过在乎一时的得与失，而忘记了人生的成长是最为重要的。

成长是一个寻求自我的过程，是让自己的心灵和内在有一个空间去向某一个目标伸展的过程。成功在人生当中可能只是昙花一现，但是成长是一个持续的过程，成功很大程度上依靠外在和别人对你的评价，但是成长却是内在的，你可以很真实地感受到内心的愉悦，内在力量的强大。人在成功时，就会对未来患得患失，因为总担心失去，但如果你内在力量延伸了，自我得到了成长，那就没有任何人，没有任何力量可以剥夺。

有时失去成功的速度可能比退潮还快，但是缓慢的成长却可以让你时刻地充满自信心。如果我们这个社会能把人生成长的过程作为一种成功的标志，那么我们每一个人都可以成为一个成功者。

所以，对于年轻人来说，如果你是一位打工族，在职场上遇到了难以忍受的人和事，那么，一定要懂得提醒自己一下，千万不要因为你的激愤和满腹牢骚而自断经脉，阻止自我成长。无论遇到什么事，都要做一颗永远成长的苹果树，因为你的成长要永远比你每个月要拿多少钱更重要。

03. 冷静的思考，比埋头苦干更重要

二十几岁，你必须要明白的一件事，便是：冷静地思考有时比埋头苦干更重要。即便你制定了个人目标，为自己人生或事业做了规划，但在前进的过程中，也应该时刻让自己停下来进行冷静的思考。其实，成功者和平庸者的最大区别在于能否在忙碌之中能够静下心来进行冷静的思考。前者能通过思考，将自己的时间、经验转化为个人的精神财富，好好地规划自己下一步的行事目标，使自己从无效走向有效，从有效走向高效、卓越；而后者只顾埋头苦干，整日忙忙碌碌，但没有任何成效。

同时，在个人前进的过程中，会遇到众多的岔路口，这个时候，你

可以通过冷静的思考给自己规划一条崭新的道路，作出明智的选择，最终让自己脱颖而出。

熟悉奥巴马的人都知道，奥巴马曾经因为接触毒品，整个人都变得无比颓废。后来，在母亲的帮助下，他开始不断地反思自己当下的状态，并且还从书本、亲人身上汲取力量。

后来，奥巴马进入了哥伦比亚大学。这个时候的他，似乎变得更加勤于思考，尽管那时他的学业也非常忙。在主修政治学期间，他定期参加黑人学生会组织的各种活动，包括反种族隔离抗议活动等。在 1983 年毕业前夕，他决定把社团活动组织当做自己的事业来经营奋斗。

奥巴马思考的时候可谓大大超越了其他人，正是因为他能静下心来思考，才有了无穷的智慧，让他与同龄人相比，有了更为明确的发展走向。为此，生活中，我们再忙，也要留出时间让自己静下心来思考，有时候，哪怕是一个小时的思考，都会胜过你一周的忙碌。

唐骏之所以被人冠以"打工皇帝"的称号，就是他能够在人生最为关键的时候，能够静下心来思考自己接下来的步伐。

在 1994 年唐骏刚进入微软时，微软正在全力研发最新的 Windows 2000 和 Windows NT。由于 Windows 是针对全世界的个人电脑开发的操作平台软件，所以就必须要作出各种语言的版本，这样才能让 Windows 在全世界普及。

然而，中文版的开发，是一件极不容易的事。众所周知，一个英文字母占用一个字节，而一个汉字却要占用两个字节。因此，在 Windows 的写字板中输入一个"好"字，再经过写字板的自动换行，就很有可能出现"女"在上一行末尾，"子"却到了下一行开头的古怪现象。因此，除了核心代码，其他源代码几乎都要重新改写。

正因为这个原因，Windows 的研发过程是：先作出英文版，然后再由一个 300 多人组成的大型研发团队开发出其他语言版本。接到中文版的任务后，微软的程序员们如过去一样开始了工作。他们对这样的工作已经习惯了，可以说简直成了机械化，不分昼夜地埋头苦干写代码。

然而，入职不久的唐骏却不愿意这么干。闲暇之余，他开始思索起来："能不能想办法缩短其他语言版本的开发时间呢？让这么大的研发团队来做这件事实在是太浪费时间了。"

在当时，也许会有同事嘲笑他，毕竟约定俗成的工作，一个刚刚入职的年轻人有什么能力改变？这样的人，其实在我们身边也有很多，他们既不愿自己思考，甚至还会"看似好心"地阻拦你的思考。倘若你接受了他的建议，那么你只能如他一样，也成为一个碌碌无为的人！

值得庆幸的是，唐骏的独立思考并没有停止。他查资料、找方法，将所有精力都集中于此。半年后，他写出了几万行代码程序，这个程序可以简化 Windows 从英文版翻译到其他语言版本的工序，极大地节约人力物力和时间。经过反复运行，证明程序有效无误，然后他直接找到比尔·盖茨，要求面谈。

这个程序让微软掌舵人比尔·盖茨很欣赏，并对这位年轻人刮目相看。经过三个月的实验，这个程序也取得了明显的效果，原先 300 人的团队一下精简到了 50 人。为此，唐骏得到了微软集团董事会的信任，更得到了一个微软极少颁发的奖项——终身成就奖。

当年的唐骏很年轻，却创造出了这样的成绩，这很值得我们反思。不可否认，我们每天都很忙，甚至有时候都忙到了这样的程度：忘记了自己到底是在为什么而忙。结果忙来忙去，都是在原地打转。为什么会如此？主要原因，还是因为少了点思考的时间，没了规划自己一步步如何做的时间。

现实中，很多年轻人，宁可让岁月淹没在无任何价值的忙碌中，也不愿意拿出时间来进行思考，以至于使自己的行动总是在低层次徘徊，结果是一无所获。在平时，我们也只有养成勤于思考的习惯，以此来开

36

拓我们的思路，并适时对自己的下一步行动有个良好的规划，才能让自己一步步地走出窘境，迈向辉煌。

所有的领域都是如此，无论你的志向是要在商界中大展拳脚，还是在某个专业领域施展才华，只有在前进的过程中，在人生最为关键的时刻，静下心来进行冷静地思考一番，才能让自己有个光明的未来。

被公认为是二十世纪最伟大的实验物理学家的欧内斯特·卢瑟福就认为：冷静地思考，比埋头苦干更为重要。

有一天晚上，卢瑟福发现一位学生还在埋头做实验，便好奇地问："你在干什么呢？"

学生回答说："在做实验。"

卢瑟福惊讶地问："那你下午做什么了？"

学生又一次毕恭毕敬地回答："做实验。"

卢瑟福开始皱起了眉头，继续追问："那早上呢？"

"也在做实验。"

勤奋的学生本来以为，自己会得到导师的赞扬，然而他没想到，卢瑟福却大发雷霆，厉声斥责道："你一天到晚地在做实验，那你有什么时间来进行思考呢？"

努力是好，但是我们的目标，可绝不仅仅只是为了"努力"。是否进行思考，是否对未来进行规划，这正是世界上许多伟大的成功人士能够脱颖而出的关键因素。毕竟，与他一样努力的人不在少数；甚至，比他努力的人还有更多！

"学而不思则罔"。日复一日的机械化生活与劳动，会让我们趋于麻木，原本光明的未来，会因此而逐渐黯淡。所以，正在埋头苦干的你，无论每天有多忙，还是留点时间让自己仔细地思考吧！

04. 有舍才有得，不舍，就真的什么也得不到

在二十几岁，你也必须要深刻地领会人生的"舍得"智慧。其实，每个人的一世，无论是事业成功者也好，平庸者也罢，无不都是在践行"舍得"二字，它彰显了人生的大智慧，其人生中所有的真知妙理都浓缩其中。在二十几岁，在你事业或工作的起步阶段，如果你很好地把握了"舍"与"得"的尺度，便握住了成事的金钥匙。

这是个极为简单的道理！懂得了这个道理，任何人，所有人，都有可能成为最终的赢家。可是，现实生活中，为何不是所有人最后都成为赢家？为什么有那么多的失败者呢？因为这些人从来没有认真思考和践行过这个道理。他们总是想着一生都不劳而获，而没有想过想付出，不懂得适当地"舍弃"，不仅会"得不到"，反而还有可能会失去更多。

要知道，人的成功的旅程，就如一条不断奔跑的河流一般，只有不断更新，才能生机勃勃，清洁而美丽。筑坝其上，塞流碍行，你的人生也会停滞变浊。当你停止"舍弃"的时候，也是停止"得到"的时候。先"舍弃"，在未来，你将会有十倍的收获，这是生命的规律。农民春撒一颗种，秋收万颗籽，这个交易是很划算的。

新东方校长俞敏洪，就深谙事业的"舍得"之道，从民办学校教师到亿万富翁，他的每一步成功，都是践行先"舍"后"得"的成功之道的结果。

俞敏洪认为：自己的成功秘诀是先舍后得。1962 年，俞敏洪出生于江苏江阴的农村，小时候因为身体弱，所以常受同龄人的欺负，后来俞敏洪想到了一个绝妙的办法，让自己当上了孩子群的"领导"。俞敏洪这

样说道："那个时候，在上海的亲戚每年会给他带一斤水果糖，那个时候，小朋友都是爱吃糖的，为了避免受人欺负，俞敏洪就慷慨地将糖果分给村中爱欺侮他人的小朋友来吃，换来的是他们的追捧，而自己却只收集一些花花绿绿的糖纸，最终，他就成了村中的"孩子王"。

在以后的人生中，童年的"先舍后得"成为俞敏洪为人处事的法宝，也成为其事业成功的保障。1994 年，俞敏洪办起了英语培训班，一个曾伤害过他的竞争对手面临危机。她提出让俞敏洪派老师帮她上完课，然后把自己培训班的学生都送给俞敏洪。俞敏洪帮竞争对手渡过难关，也没有要她的学生，让她继续当自己的竞争对手。俞敏洪说："那是个下岗女工，没有培训班，她将难以生活。"

企业的成功离不开人才，为了吸引人才，俞敏洪把新东方的股份送给一起创业的朋友。俞敏洪说："自己并不聪明，考大学考了三次，大学毕业时是全班倒数第五名，也没有魅力，上大学时，班上 26 个女生，人家没有一个相中他。但大学四年，宿舍的开水全是他打的，卫生也是他搞的。他的所有同学和朋友都认为，和老俞合作，不会吃亏。"正是借着这个经营之道，他广纳了大量的人才，最终将新东方推上了事业的顶峰。

树舍弃了灿烂的夏花，得到了累累的秋果；蛹痛苦地舍弃了外壳，得到了高声歌唱的自由；壁虎临危舍弃了尾巴，才得以保全性命；雄蜘蛛舍弃了求爱，才得以繁衍生息；凤凰舍了生命，才得以涅槃重生。人也只有勇于舍弃，先给予，才能将自己的事业经营得绘声绘色。俞敏洪正是在人生关键时候，懂得了"舍得"之道，才将事业推向了顶峰。

那些能够进入世界 500 强的公司，其都是能够在关键时候运用"舍得"之道的结果。华人首富李嘉诚的成功，也是对"舍得"之道成功运用的结果。

有一次，有人问李嘉诚的大儿子李泽楷："你父亲教了你怎样的赚钱秘诀？"而李泽楷说父亲没有教他赚钱的方法，只是教会了他为人处事的道理。

李嘉诚曾经这样对李泽楷说："假如你与他人合伙做生意，如果你拿7分合理，8分也可以，那你最好只拿6分就可以了。"也就是说，你要让别人多赚2分。所以，每个人都知道，与李嘉诚合作能够赚到钱，占到便宜，所以，才更愿意与他合作。李嘉诚还给儿子算过这样一笔账："虽然你只拿6分，现在多出了100个人，你现在能多拿多少分呢？假如拿8分的话，100个人则会变成50个人，结果是亏是还是赚，可想而知！"

舍得，是一种精神，是一种领悟，更是一种智慧。舍得之道是人生之道，也是成功之道，有舍才有得，不舍不得，小舍小得，大舍大得，全舍全得！每个人都渴望事业成功，生活富足，然而，如果只将目光紧紧盯在要得到什么以及如何得到上面，而忽略了与"得"唇齿相依的舍，那么，很难如愿。所以，在事业的迈步阶段，一定要肯舍敢舍，心怀一种"大舍"的气度，才能得到更多！

05. 你要"全力以赴"，而不是"尽力而为"

在二十几岁，你也需要明白卓越的人生靠的是"全力以赴"，而非"尽力而为"的道理。一个人要活得不平凡，追求卓越，就只能是"全力以赴"，而不是"尽力而为"！开水烧到九十九度不会开，飞机在起飞之前，驾驶员如果没能把排档杆推到极限，飞机就无法安全地在跑道距离内飞上蓝天。没有推到极限，没有全力以赴的人，其人生就好像机长没将飞机排档推到极限一般，飞机无论飞多久，永远都在机场。如果你希望自己尽早成功，必须要全力以赴！

有这样一个故事：

一天，一个猎人带着猎狗去打猎。

猎人一下子就击中了一只兔子的后腿，为了逃命，受伤的兔子就开始拼命地往前奔跑，猎狗在猎人的指示之下，飞奔着去追赶兔子。

但是，追着追着，兔子就跑不见了，猎狗则只好悻悻地回到猎人的身边，猎人就开始不停地骂猎狗："你真是一点用都没有，连一只受伤的兔子都追不到！"猎狗听了极为不舒服，哭丧着脸说道："我可是尽力而为了啊！"

而刚才猎人追赶的那只受伤的兔子跑回到洞中，把刚才自己经历的险情对兄弟们说了一遍，它的兄弟们都全部围了过来，极为惊讶地问道："那只猎狗很凶猛啊，你又带着伤，怎么跑过它的呢？"

"它是尽力而为，我是全力以赴啊！它没能追上我，最多只是挨顿骂，而我如果不全力以赴地跑，我就会丧命的呀！"

尽力而为，只会差强人意，而全力以赴才能更为卓越！其实，生活中，每个人都是有很多的潜能的，但我们往往会对自己或对别人找借口："管它呢，我已经尽力而为了！"事实上，这是远远不够的，尤其是在这个处处充满竞争和危机的年代，你稍不努力，就有被淘汰的可能。为此，欲成就一番事业，一定要经常问问自己：我今天是尽力而为的猎狗，还是全力以赴的兔子呢？

威廉是美国推销界的顶尖高手，年收入高达百万美元。他在担任某公司的销售经理时，因为一些居心不良的人士到处散布该公司发生财务危机的谣言，使公司内部员工的士气大大地低落，工作热情大大地削减，最终导致整个公司的业绩也开始下滑。

因为情况极为严重，威廉为了挽救局面，不得不召开一次大会。在会议刚刚开始的时候，他首先请业绩最好的几位销售员站起来，要他们说明一下近来公司销售量下滑的原因。这些销售员一一都站起来，不是将原因归咎于经济不景气，就是不停地埋怨公司广告部的宣传不到位，再不就是近来市场上消费者对产品的需求量削减。

听完他们的抱怨之后，威廉就突然地站起来让大家肃静。然后接着说："停，会议暂停10分钟，我现在要把我的皮鞋擦得亮些！"

接下来，威廉就将公司附近一名小鞋匠带到会议室中来，开始给他擦皮鞋。所有在场的人员都不明白这是何意。

那位小鞋匠利索地仅用了2分钟时间就将他的皮鞋擦得铮亮，表现出了极为专业的擦鞋技巧。

等皮鞋完全擦亮后，威廉就递给了小鞋匠一美元钱，然后开始重新发表他的演说。他对所有的人说："我希望你们每个人好好看看这位小鞋匠，他每天都要擦上百双皮鞋，可以为自己赚取足够的生活费，并且每月还可以存下一些钱。他曾经告诉我，他将擦鞋的工作已经当成了一项艺术来做。同他在一起的还有另一位小男孩，年纪要比他大些。比他大一点的这个男孩每天都很尽力，但是，仍然无法赚取足够的生活费。现在，我想问你们一个问题，那个大男孩拉不到生意，是谁的错？他的错，还是顾客的错呢？"

"当然是那个孩子的错。"大家异口同声地说道。

"当然没错了！"威廉回答，"现在我要告诉你们，这个时候与一年前的情况是完全相同的，同样的地区，同样的对象以及同样的商业条件，你们的销售业绩却远远比不上去年，这到底是谁的错？是你们的错，还是顾客的错？"

全体推销员全部都站起来，又发出雷鸣般的回答："都是我们的错！"

威廉说："我极为高兴你们能够坦率地承认你们的错误，现在我要明确地告诉你们错误在哪里。你们一定是听到了公司财务发生问题的谣言，才动摇了你们的销售理想，影响了自己的工作热情。不是由于市场不景气，而是你们的推销工作不如以前那样卖力了。现在，只要你们回到自己的销售区去，并保证在30天内提高自己的销售业绩，公司就绝对不会出现财务危机，你们能够做得到吗？"

"做得到！"几千名员工一起大声地喊起来。最终，他们果然办到了，还使公司的业绩突破了历年来的最高纪录。

一位哲学家说："人来到这个世界上，做任何事都要全力以赴。哪怕是最为卑微的职业，只要你全力以赴，都能做到最好。"即便像故事中的小鞋匠那样，将擦鞋当做一项艺术来做，全身心地投入进去，内心便不会感到迷惘，也就能远离一些消极的情绪了。如果我们每个人都能够全身心地投入到自己的工作中去，即便你的能力再一般，也可以取得最好的成就的。

在任何时候，我们的热情是完全掌握在自己手中的，只要我们时刻用一颗热忱的心去面对生活，对待自己的事业，就能够发挥自己生命里的潜在能量，从而真正实现人生的成功一跃，拥有美好的未来。

06. 怀才不遇时，要学会主动去创造机遇

对于二十几岁的年轻人来说，最渴望的莫过于机遇。不可否认，机遇对扭转人生局面，改善人生现状有着举足轻重的作用。生活中有的年轻人才华过人，有的人勤奋肯干，之所以与成功无缘，就是因为没有良好的机遇。

机遇是可遇不可求的，也是稍纵即逝的，它就像不断奔跑的兔子一般，唯有积极主动，提前做好准备，才有机会抓取到它，一举成功。正如比尔·盖茨所说："你能够使成功成为你生活中的组成部分，你能够使昨日的理想成为今天的现实。但是，靠愿望和祈祷是不行的，必须动手

去做，去主动创造机会，才能让你的理想变为现实。"这其实是告诉我们，与其死死地坐等机会，不如积极主动地去创造机会，这样才能更快地走向成功。

刘强是北京一家企业培训中心的员工，有一次，在出差返京的飞机上，因为他的积极主动，顺利地签下了一个订单。

在飞机上，刘强注意到邻坐的是一位企业家，于是便主动与对方搭讪，问道："先生，看您像个生意人，大老远到北京来做什么呢？"

对方笑道："我经营一家小型企业，运转了三年，因为管理不善，所以遇到了前所未有的危机。北京的专家多，就过来请教请教。"

刘强就接着问了一句："那你联系好咨询公司了吗？"他回答道："还没有。"

刘强顿时感到心跳加快，他意识到自己的机会来了。马上拿出一张名片递给他，说道："我是北京一家营销咨询公司的营销员，我们可以沟通交流一下吗？"

对方看了一下刘强的名片，说道："那咱们就交流一下呗！反正闲呆着也是呆着。"

就这样，在飞机上，刘强就靠着自己的主动又找到了一个客户。因为交流得很开心，客户随即就与刘强签了一个星期的培训课程。

只要积极主动，你就能随时随地找到属于自己的机会。何为主动？就是"没有人告诉你，而你正做着恰当的事情"。在竞争异常激烈的年代中，被动就会挨打，主动才可以占据优势地位。我们的事业、业绩不是上天安排的，而是靠积极主动抓取来的。

积极主动出击，就能给自己增加成功的机会。社会、企业只会给你提供道具，而舞台则需要你自己去搭建，演出和排练也完全要靠你自己，能演什么样精彩的节目，有什么样的收视率，决定权完全在于你自己。

其实，做工作很多时候就像是谈恋爱，只有主动出击，才能够虏获芳心，找到成功的机会，否则守株待兔，只会让机会悄悄溜走。

为此，我们要随时准备去把握机会，展现超乎他人要求的工作表现，以及拥有"为了完成任务，必要时不惜打破常规"的智慧和判断力。在明白自己工作的意义与责任的情况下，永远保持一种积极主动的工作态度，为自己的行为负责任，这是取得成功的主要条件。

曾经的巨人集团老总史玉柱就是一个善于创造机会的人。他在创业之初，为了把企业的主打产品——汉卡销售出去，可谓费尽了心思。

在企业刚刚成立之初，史玉柱就意识到来自市场的压力，他的汉卡产品在市场上的销售额并不是很理想。就在他的系列产品 M—6402 受到了来自香港金山电脑公司开发的金山汉卡的冲击的时候，史玉柱意识到与其坐等机会，不如自己去创造机会，这样才能在激烈的市场竞争中杀出一条血路来！

为了迅速打开自己的市场，建立起庞大的营销网络，抢占更多的市场份额，史玉柱不断地创造机会。

他向全国各地的电脑销售商发出邀请，让他们前来珠海参加巨人汉卡的全国订货会，只要他们订购 10 块巨人汉卡，就可以报销来回的路费。这么好的优惠条件，还可以到珠海免费旅游一番，有谁不愿意呢？史玉柱这种吸引经销商的方式，在当时是较为罕见的。史玉柱以几十万元的代价，吸引了全国 200 多家大大小小的软件经销商，这些经销商不但订了货，还组成了巨人汉卡的营销网络，一举编织起一张当时中国电脑行业最大的连锁销售网络，使得与经销商之间的单一买卖关系变成了合作开发市场的利益共同体，这一销售网络让史玉柱一次次尝尽甜头。

这次的全国订货会获得了巨大的成功，来自全国各地的经销商每人都带走了至少几十个的 M—6403 产品。有了这样一张庞大的销售网络，史玉柱的事业如虎添翼，M—6403 以惊人的速度给巨人公司带来数以千万计的收入。1991 年，巨人汉卡的销量一跃成为全国同类产品之首，公司获纯利就达 1000 多万元。在此期间，巨人集团又开发出中文手写电脑、巨人防病毒软件等多种产品。1992 年，巨人集团的资本超过 1 亿元，史玉柱本人也被罩上各种各样的光环，迎来第一个事业高峰。

居里夫人说："弱者等待时机，强者创造时机。"随时随地，抓住机遇是很被动的，真正能成功的人是不仅能抓住机会，还能知道如何积极主动去创造机会，就像史玉柱一样。一个人的成功有时是需要有偶然的机会的，但是偶然的机会被发现、被抓住和被创造出来，却不是绝对的偶然。

当然，要积极主动创造机会，要靠自身的实力。没有实力，机会被创造出来了，又能如何呢？实力靠的是自己，机会靠的也同样是自己。机会是给懂得如何创造它的人准备的。

平凡的人只能等待机会，而成功的人是积极出击，寻找机会并创造机会，让机会真实地为自己的成功服务。通常，大多数人仅仅看到"别人"，而看不到最能给机会的人恰恰是自己，这样的话自己的能力会受到限制，自己生命的成败也是由别人掌握的。有智慧的人知道，只有自己才能给自己创造机会，自己不去积极主动创造机会，就有可能被社会淘汰和埋没。为此，要成就一番大事业，不仅要学会抓取机会，把握机会，还要学会主动地创造机会。要知道，兔子是不会自己送上门来的，守株待兔，只会死路一条。

07. 不变不通，变则通，通则久

二十几岁初入社会的年轻人，还需要懂得的一件事，就是变通。

变色龙，在复杂的环境中改变自己的体色，才避免了敌人的残害；

蛹，脱掉了自己的外壳，才成为空中的美妙的色彩。同样的，在奋斗的道路上，只有能变通，才能将成功持续得更长久。

变则通，通则久。懂得了变通，便拥有了先人一步的优势，变通代表的是一种创新的思维方式，一个人只有在创新中才能发展，才能不断进步，才能走得更为长远。

一提及方便面，无人不知道日本日清公司总裁安藤百福，他正是方便面的发明者。

方便面的发展是食品业的一次大革命，给人们生活带来了无比的方便。然而，方便面的发展历程却是一个充满变通的历史。而安藤百福正是依靠变通，让日清公司不断地向前发展，最终成为日本的明星企业。

安藤百福原本是从针织品行业起家的，但一场突如其来的变故让他跌入了人生的低谷。因为信用公司的破产，一瞬间，安藤几乎赔光了自己所有的财产。

当时的日本正值战后不久，食品极为匮乏，我们饿得连薯秧都吃。在 1957 年的一天夜里，落魄的安藤经过一家拉面馆，看到人们都在为吃上一碗热腾腾的面条而顶着严寒在长长的队伍中焦急地等候，这让他发现了一个商机。

安藤就决定对面条进行变通，研制出一种只需要开水冲烫就能立即食用的面。终于，在 1958 年，第一包方便面"鸡汤面"问世了，这种面一上市就受到人们的喜爱，尽管当时同等量的一碗面只需 6 日元，但是安藤方便面因为成本过高，售价高达 35 日元，但仍旧受人欢迎。

在 1962 年，安藤就成立了自己的公司，并获得了制造方便面的技术专利。经过几年的发展，安藤百福的方便面销售额在不断地增长。但是他却深知任何产品的市场都会经历一个"市场周期"，有上升期，必有衰退期。为了避免衰退期的到来，安藤百福作出了变通，他重点在外出旅行人员群体这一消费群体方面进行了变通。终于在 1971 年研制出了碗装方便面，大大方便了外出旅行人员。

就是这样，安藤百福不断地根据市场需求，研发新的产品，使方便面企业不断地壮大，最终使安藤百福公司成为日本最大的"方便面王国"。

纵观安藤百福方便面的发展史，我们可以得到这样一个结论：唯有变，才能顺通，才能发展得更为长久。变通是成功的灵魂，是通向成功的关键因素。变通是一种优势，变通才能赢。

在上古时代，九州洪荒，民不聊生，舜帝就下令让鲧治水，鲧当时只采用极为传统的方法去堵，结果因为失败而被杀。鲧的儿子禹开始继续治水，这个时候，禹却没有采用父亲的传统的办法，而是加以变通，采用疏导的方法，结果取得了成功，受人所敬仰。为此，我们在追求成功的道路上，一定要时时学会变通，穷则变，变则通，通则恒久。学会变通，才能山重水复过后见柳暗花明；只有学会变通，才能在焦头烂额之后舒眉开颜；学会变通，才能在思维一转后天地宽，否则，墨守成规，因循守旧，则最终会被市场所淘汰，以失败告终！

要学会变通，就要根据现实情况，冲破固有的思维模式，以开发的思维和开发的心态去看待新的问题，这样才能够找到新的思路，才能创造出一个个奇迹来！

李涛在一家偏僻的胡同中开了一家糕点店，因为竞争太过激烈，所以生意很是冷清，再加上店面的位置不好，所以，不到半年时间，店面就快支撑不下去了，李涛只好想着结束生意，转让门店。

正好这一天，李涛在店中遇到一位给女朋友买生日蛋糕的男客人，李涛问他想在蛋糕上写什么字时，男孩子吞吞吐吐，极为不好意思地说道："我想写上'亲爱的，我爱你'。"

李涛很快就明白了客人的心思，对方只是想写些很亲热的话，却又不好意思让旁边的人知道，李涛很快就意识到里面所蕴藏的机会：有这些想法的客人有很多，每个蛋糕上面都千篇一律地写着"生日快乐"之类的祝福语，为何不去尝试用其他的一些个性化的话呢？

于是，经过深思熟虑，他就做出了一个决定：再多买一些专门用来在蛋糕上写字的工具，给每一个进店买蛋糕的客人送一支，让对方在隐密的情况下写下自己想说的话，即便是隐私也不容易被人看到，这种周到的服务，一定能让客人难以忘记。

没想到，广告一出，李涛的店很快就顾客盈门，在接下来的一个星期，客人比平时多了两倍，大家都是被"写字的笔"吸引来的。从此之后，店面的生意就好了起来，客流量增加了好几倍。李涛又趁热打铁，在其他地方又开了好几家店面，生意越来越红火。

这个故事给我们这样的启示：只有敢于打破自己的思维限制，才能有奇迹发生。在其他人还没有觉察到的时候，如果你比别人抢先了一步，才会有创新的思维。

这是一个瞬息万变的社会，如果一味地恪守成规，或者固守他人的经验，形成固定的思维模式，就会在思难定式中失去机会，最终与失败为伴。

总之，变通是一门艺术，也是一门极深的学问。成功者总是根据现实的情况采用变通的方法，使自己的行为"合于事宜"，而不是反潮流而行之。这也正如行船一样，逆水行船，不如顺风扬帆。不变不通，变通才能够使自己立于不败之地。天下的事情，没有固定的方法，天下的道理，是殊途同归的，一理通，则会百理通，这是在人生迈步阶段要遵循的行事法则。

08. 记得时时清理你鞋子里的"沙粒"

我们不断地向成功进发，心中都有不落的太阳，我们时而会抬头看天，也会低头走路，难免会遇到障碍，难免会徘徊不前，犹豫不决，消极沮丧，它们就好比鞋中的沙粒一般，会消磨我们的意志，防碍我们前进的速度，甚至还会阻碍我们登上人生的高峰。为此，我们在赶路的同时，一定要及时清除它们，轻装上阵，才能让成功垂青于你。

有一位参加工作多年的年轻人，去找智者，他总觉得自己的工作太过枯燥、无聊，为自己何去何从而感到彷徨。他向智者倾诉自己遇到了诸多的烦恼：自己总是担心被上司责难，不知道自己该不该跳槽；总是担心无法很好地完成工作，晋升无望……

智者听罢微微一笑，就让他将所有的烦恼一个个地都写在了纸上，并让年轻人判断自己的所有担心是否是真实的，并将结果记在旁边。

经过实际的分析，年轻人竟然发现自己的所有困扰都是不真实的，看着眼前的那张困扰记录，不禁说道："无病呻吟！"智者注视着眼前的一切，微微对他点头。并接着对他说："你看到过大海中的章鱼吗？"年轻人茫然地点了点头。

"有一只章鱼，在大海中本来可以自由自在地游动的，寻找食物，欣赏海底的世界的美丽景致，可以享受到生命的丰富的情趣的。但是，它却给自己找了一个珊瑚礁，然后将自己困在绝境之中，你觉得你是否像那条章鱼呢？"

年轻人说："真的很像！"

于是，教授就提醒他说："当你陷入烦恼的习惯性反应时，就要记住你就是那条章鱼，要松开你的八只手，才能让自己自由地游动。系住章鱼的是自己的手臂，而非海中那些珊瑚礁的枝丫。"

在现实生活中，很多人都如故事中的年轻人一样，在前进的道路上无端地让自己内心生出许多烦恼，然后将自己困在绝境之中，动弹不得。其实，就像那位智者所说，许多烦恼都是自己造成的，只要你松开手，就能够在水底自由地游动。在生活中，我们所做的每一件事情，都会有两道墙会出现在自己的前方，一道是外显的墙，那是关于整个外部大环境的围墙；而另一道是我们内心所隐藏起来的墙，这是我们心中为自己所设限的墙，而决胜的关键就要看你能否能用坚强的意志去突破心灵中藏着的那道墙。

著名的登山家罗赛尔，有一次，他在没有携带氧气设备的情况下，登上了海拔高达 6000 米的高峰，但是到了这个高度，他却无法前进了，因为这里的空气极为稀薄，几乎会让人感到窒息，这是许多登山运动员都会遇到的情况。

罗赛尔说，在登到海拔 6000 米的时候，他内心就会翻腾各种各样的杂念，在极为困难的情况下，你的潜意识会莫名地发出"何时才能到达山峰"的信号，这个时候，人顿时会浑身困乏，失去信心。于是，他就失去了一次创造纪录的机会。事后，罗赛尔才知道，他离成功仅有不到几公里的路，阻碍他成功的并非是空气太过稀薄，而是他内心的疑惑和杂念。因为，在攀爬的过程中，你头脑中的任何一个小小的杂念，都会松懈人内心原本坚强的意念，转而变得渴望呼吸氧气，慢慢地让人失去征服的冲动与动力。随即，"缺氧"的念头就会产生，最终让人放弃征服的意志，接受失败！

罗赛尔说："想要登上峰顶，首先要学会清除内心的各种杂念，脑子中的杂念越少，你的需氧量就会越少；你的杂念越多，你对氧气的需求便会越多。所以，在空气极度稀薄的状态下，必须要排除内心的一切欲望与杂念!"

在生活中，很多人费尽心机无法成功，其主要的原因就是自我设限，因此人们常说"自己是自己最大的敌人。"一个人也只有靠自己的意志力，勇于摒除脑海中的各种杂念，才能战胜困境，成为最后脱颖而出的人。

在前进的过程中任何地停滞与迟疑的念头，都会让人忘记前进，甚至失去了起步时勇往直前的冲劲。所以，要想获得成功，必须摒除各种杂念，努力往前跨出步伐，勇于突破并且超越现状。

要摒除杂念，实现自我突破的重要的一点就是要面对现实，确实地了解自我并清晰地认清环境，在自我与环境中摸索出突破的方向。

同时，还要审视自我的优势、加强自我优势，当你发挥自我优势时，你就会对自己愈有信心，成就感随之而来，你的信念就会越强，做事的活力也会源源不断地出来。如此一来，当你遇到困难，不但不会退缩，反而更能激起你突破的热情，直至成功!

已经走到半山腰的你，你还记得开始出发时对自己喊加油的声音吗?找回你盎然的活力，全力向前冲刺，就像罗赛尔所说，只要忘记杂念，只要坚守住最初的梦想，只要发挥自身优势，并坚守住起步时非成功不可的意志，我们最终都能够告别迷惘，迎向充满希望的未来!

第三章

这 10 年，你需要着重培养的几种能力

01. 要想被人重用，就先练好五种能力

对于刚起步的胸怀抱负的二十几岁的年轻人来说，每个人都希望能早点遇到能够赏识自己的伯乐，并且还能被一些成功人士所"重用"。但是，在遇到自己的伯乐前，请先扪心自问：你是一个能被人"重用"的人吗？或者说，身上具备伯乐的"选才"标准吗？

其实，在现代职场中，一个人能否"被重用"，主要取决于两个因素：

第一，你是否符合公司或老板的需求。要知道，任何公司都是一个营利性的组织，公司或老板的需求，就是你能否为他带来更大的利益或利润。一个聪明的老板是不会把职位交给一个工作能力平平的人，正如没有人愿意花一千块钱去买一个 10 块钱的地摊货一样。当你自身的"工作才能"满足公司或者老板的需要时，你就具备了交换的价值。老板或公司就会把更好的职位给你。千万不要认为这是赤裸裸的交易，公司与

劳动者之间，本质上就是一种劳动价值的交易。试想一下，如果没有这种交易，每顿晚餐都是免费的，谁还愿意做厨子呢？

所以说，要想被"重用"，被"升职"，首先要练好自己的工作能力，这是最为重要的一项才能。

刘邦与项羽争天下的时候，陈平主动投降刘邦，后来经魏无知推荐，被任命为丞相。当时，刘邦的旧将周勃和灌婴，心中很恼怒，很不服气，于是就找刘邦告状，说陈平"盗嫂受金"，意思是说，陈平这个人品德太坏，在家的时候，曾经跟自己的嫂子偷情，生活作风有问题。当了官之后，收受下属的金钱，送得多的就给对方好处，送得少的就打压，是个不折不扣的大贪官。这样品行败坏的人，是不能重用的。刘邦听罢，也感觉有道理，就对陈平起了疑心。而魏无知却这样对刘邦说道：我推荐陈平，完全是因为他有才能，而大王却过于去关注他的其他方面，这是不对的。陈平这个人品德确实有问题，但是当下大王正是用人之际，即便是其他方面有点瑕疵的人才，也应该使用。刘邦一听，茅塞顿开，于是就重用了陈平。

刘邦之所以会重用陈平，是因为刘邦正与项羽争夺天下，能成事、有才能的人最为重要。用无德的人或许成不了事，但用无才的人却一定会吃败仗，从而失去争天下的机会。善用人者，看重才能，善用人之长，抑人之短。韩信贪婪，英布最后造反，而刘邦却能重用这些人来帮助自己成事，最重要的是这些人都有"才能"，能给自己带来最大的利益。

其实，现代企业都在争市场，对于老板来说，最需要的就是所用之人的"工作才能"，这是帮他们成事的最重要的一个方面。为此，要想得到重用，一定要锻炼和提高自身的工作才能，这是你获得"被重用"的基础。

第二，与潜在的职位竞争者的实力对比，你是否是最好的。也就是说，在更高一层的职位上，你能否能比别人做得更好，比其他人更适合那个职位。

怎样才算"更适合"呢？除了有工作才能，能胜任那个职位的工作之外，还要具备其他的一些"才能"。

在现实中，我们经常见到这样的现象：

部门中那个能力最强的没有获得晋升，尤其是那些"老黄牛"式的兢兢业业工作的员工，尽管他们很卖力，工作业绩也不错，但是却迟迟得不到晋升。而那些工作能力不是最好，但却善于交际，能说会道，左右逢源的员工，却能得到老板或公司的赏识，他们升职的速度却如火箭一般。

其实，这种现象不足为怪。正像一个学校中学术水平最高的老师，未必能担当大学校长的职务一样，也正如一个寺院中，修行最好的和尚却未必是方丈一样。

在职场中，有些员工工作能力未必最强，但是综合素质却是最高的，这样的员工更能获得老板或公司的青睐。记住：一个智慧的领导都懂得选择最适合的人，而不是选择最有工作才能的人。所以，在职场中，除了注重提高自己的工作能力之外，还要把更多的精力放在提高自己的忠诚、口才、交际等等与要晋升职位相匹配的各种才能上。具体来说，以下这五种"能力"是必备的：

1. 要让老板觉得你信得过，靠得住。

这是首要的一个条件，每个老板都喜欢重用一个"自己人"。为此，你要学会琢磨透老板或公司上司的心思，成为他们的"心腹"。我们常说：机会面前，人人平等，但是机会并不会平均分配，如果你能够成为老板的心腹，就会获得更多提拔和成长的机会，这也意味着你也离"被重用"不远了。

2. 要有大局观念。

公司是一个整体，在任何时候，老板都会考虑整体利益。所以，你

55

的任何行为都要符合大局利益。有时候还要适当地牺牲小团队、小部门的利益去服从公司的整体利益。

3. 要有进取心。

在实际中，很多老板都喜欢有上进心，进取心强的人，这样的人积极好学，肯主动进步，工作积极性强。同时，最重要的是要肯于吃苦，因为在老板心中，吃过苦的人都有斗志，一切都会以个人事业为导向，成长的潜力也是巨大的。为此，在职场中，你要有"吃着碗里的，看着锅里的，想着盘里的，惦记着地里的"精神。

4. 嘴巴要严。

每个公司都有秘密，每个老板都有禁忌，所以，多数老板都不喜欢爱说三道四的长舌妇。雍正帝曾说："慎密二字，最为要紧，君不密，则失臣；臣不密，则失身。可不畏乎？"如果你领悟了这段话，你就学会了职场的做人之道，这也是你不可忽视的"大本事"！

5. 要有好人缘。

职场是一个团队，你不可避免要与同事交往、处事，良好的处事能力决定你能否被提拔，被重用。为此，你要与周围的人搞好关系，即便是一个竞争对手。获得好人缘其实并不难，只要你付出热心，就会获得别人的热心；付出真诚，就能收获别人的真诚。与同事搞好关系，成为良好的朋友，能获得他们的支持，这会为你得到重用加分。

以上这些"本事"是最基本的，具体如何去做，关键要看你所处的位置，在什么山，要唱什么歌，要根据事实，学会变通，灵活运用。

综上所述，你要想"被重用"的一个首要的条件就是"才能"，你能否为公司带来切实的利润或利益。在职场中，如果你有"才能"，那么，就能赢得老板在第一时间喜欢你，愿意为你提供更大的发展舞台。否则，一切皆是枉然，终会被淘汰出局。另外，还要修练好一些最基本的"本事"，有智慧的老板，都会重用或提拔那种性价比相对较高的员工。

02. 努力将才华转化为 "能力"

对于二十几岁的年轻人来说，才华固然是打开你走入社会大门的钥匙，但能力才是你安身立命的资本。要知道，我们在学校学的理论知识都是死的，只有将之兑换为一种真正能解决现实问题的能力，才能让你发挥出实际的价值来。

从校园走入社会，说明我们已经具备了成功所需的最基本的知识储备，但是我们更要善于把自己储备的知识转变为现实的一种能力，在实际中创造出效益和财富。知识固然越多越好，但如果不懂得灵活运用，那就跟一个抱着金子饿死的乞丐没什么两样。

关于知识与能力，有这样一个极好的比喻说，知识就是把剑，能力就是剑术。有好剑，没剑术，剑就是废铁一块；有剑术，没剑，只能是死路一条。对于二十几岁的我们来说，我们已经有了把剑，接下来就是要好好地修练你的剑术，这样才能让你无往不胜、所向披靡！当然，要练好你的剑术，需要从以下几点做起：

1. 要有敢于 "吃亏" 的心态。

工作中，活干得比别人多，不要觉得吃亏；钱拿得比别人少，也不要觉得吃亏；经常加班加点，也不要觉得吃亏……成大事者不会计较这些，吃亏不是灾难，不是失败，吃亏是一种生存哲学。当下吃点小亏，为成功铺就大途径，也许在将来的某个时刻，你的大福就来了。

要知道，比别人多干活，让你加加班，赶赶业务，实则要感到庆幸，因为领导只叫了你，没有叫其他人，表明他信赖你，赏识你，你贡献的越多，得到的也会越多。

记住：你只要能做到比别人多付出一份努力，就意味着比别人多积累了一份资本，就会比别人多一次成功的机遇。

2. 在"能干"的基础上踏实"肯干"。

能干工作、干好工作是职场生存的基本保证。任何一个人做工作的前提条件都是他的能力能够胜任这项工作。能干是作为一名合格员工的基本标准，而肯干则是一种态度。一个职位有很多人都能够胜任，都有干好这份工作的基本能力，然而，能否将工作做得更好一点，关键就要看你是否具有踏实肯干、敢于吃苦、肯于钻研的精神了。

3. 以冷静、低调的心态做事。

在很多老板眼中，下属在工作时是否能够保持冷静、低调的心态，是判断其是否优秀的重要标准。所以，我们在工作过程中，一定要静下心来做事情，努力做好每个环节，因为你的每个行为，老板都会看在眼里。我们所要做的就是在自己的职位上扮演好自己的角色，尽职尽责，然后等待属于自己的聚光灯亮起。

4. 面对分外工作，不逃避。

有些人认为，在工作中，只要做好自己分内的事情就好了，那些分外的事情，最好能避开。但是，你要知道，我们在工作中多做些事情，可以让自己尽快地熟悉工作环境，积累工作经验。特别是对于刚进入职场中的新人们来说，本身经验不足，多做一点就能多为自己积累一些经验，就能多学到一点知识，这样你也会提高得更快，也能帮你积攒人气，赢得老板的好感和信赖。

5. 认真对待那些细微的工作。

对于一些初入职场的人而言，你所做的第一份工作可能都很简单，甚至有些不起眼，但你不能因此而消极、敷衍地对待你的工作。要知道，可能正是因为你的敷衍，会导致你一辈子都碌碌无为，离成功越来越远。

纵观那些成功的大人物，他们中的绝大多数都是从做细微的工作开始的，有的甚至还干过搬运工、保洁员这种让人感到不屑的工作。但是，他们并未因此而消极，而是认真地对待每一项工作，才赢得了老板的关注和赏识，最终才通过努力实现了事业的腾飞。所以说，不因工作的细微而改变对工作的积极性，这是职场人士赢得老板好感的"杀手锏"。

世界首富比尔·盖茨也曾这样谆谆教诲即将踏入社会第一步的青年："一个对本职工作不肯尽心尽力，只是阳奉阴违或是浑水摸鱼的人早晚会被别人替代或淘汰的。记住，一定要努力工作，才能让老板看得起你，重用你，你才有机会获得更好的发展机会。"其实，他也在告诉我们这样一个道理：努力工作，将所有的工作当成自己份内的事，是每个人获得老板赏识，获得成功的最佳、最快捷的方法。

03. 拥有良好的情绪管理能力

对于二十几岁的年轻人来说，良好的情绪管理能力也是这 10 年着重培养的一种能力之一。情绪管理能力，即为情商，它比智商更为重要。

不可否认，二十几岁的年轻人，充满了能力和奋进的勇气，但如果不能为自己的勇气和能量加一把安全锁的话，我们的人生就会走向另一个极端，力量将会变成一种野蛮，勇气也会变成一种鲁莽和幼稚，从而会让你的人生走弯路，甚至会断送你的前程。

刚毕业的大学生张勇，很想在媒体广告业中大展宏图、一施抱负。但因为缺乏工作经验，很多公司都不愿意录用他。后来几经波折，经亲戚推荐，好不容易到了一家有良好发展前景的广告公司上班。

张勇对该公司的工作环境、人事结构、薪资水平等都很满意，尤其对个人未来的发展充满了信心。因为他是新人，上司为了锻炼他，就让他从最基本的端茶、倒水的工作开始干起。这让张勇很不满，觉得上司不尊重人才，于是经常生出许多抱怨来。

一次，因为张勇的疏忽，他在打印文件时将一份重要的文件漏掉了，让客户产生了误解，险些与公司解除了合作协议。上司对此很不满，于是就将张勇叫到办公室说道："小张，这点儿活都干不好，以后重要的工作怎么放心地交给你去做呢？"张勇本来对上司大材小用的行为就有些不满，听到这样的训斥，更是冒火。说道："老子不干了还不行吗？这种低端的工作，你爱让谁干就让谁干吧！"说完，就怒气冲冲地收拾东西离开了公司。

随后，张勇又回到了自己刚毕业时的迷茫状态，在几千份简历石沉大海后，他对自己的行为后悔不已：自己的能力本不差，但却因一时的冲动而断送了自己美好的前程。

要知道，人在情绪化的时候，往往是不理智的，思虑也往往是不成熟的，言语也是不懂得节制的，行为也是失态的，仿佛就像一个年幼的孩子一般的不成熟，这个时候，就很容易让人生走向岔路。正如《圣经》上所说："人有见识就不轻易发怒。"当一个人在生气的时候，他的智慧、EQ、仪态等，都会大大地退化，乃至所讲出的话，所作出的决定，往往都会坏事。

1936年9月7日，世界台球冠军争夺赛在纽约举行。众多选手中，路易斯·福克斯的成绩最好，一路杀进决赛，只要再得几分便可稳拿冠军了。就连组委会，也都开始准备为福克斯颁奖。

然而就在这个时候，出人意料的事情发生了：轮到福克斯出杆时，他发现一只苍蝇落在主球上了，于是挥手将苍蝇赶走了。

谁知，就在福克斯准备再次击球时，那只苍蝇又回来了。不得已，福克斯在观众的笑声中再一次起身驱赶苍蝇。这只讨厌的苍蝇破坏了他的情绪，而且更为糟糕的是，苍蝇好像是有意跟他作对，他一回到球台，它就又飞回到主球上来，引得周围的观众哈哈大笑。

这只苍蝇一遍遍地与自己作对，让路易斯·福克斯的情绪有些失控了，狠狠地握紧了拳头。当这只苍蝇再次如此时，他愤怒地用球杆去击打苍蝇，球杆碰到了主球，裁判判他犯规，他因此失去了一轮机会。

这次失误，使福克斯方寸大乱，之前的战术全部丢到了脑后。他的这种表现，激起对手约翰·迪瑞的斗志，他愈战愈勇，终于赶上并超过了福克斯，最后拿走了桂冠。

就在所有人都以为，这件事终于画上了句号之时，第二天早上人们在河里发现了路易斯·福克斯的尸体。没有人想到，因为愤怒，福克斯居然投河自杀了！

这件事在当时引起了巨大的轰动，因为没有人会想到，所向无敌的世界冠军竟然被一只小小的苍蝇击倒了。更没有人想到，一次愤怒，他竟能做出以结束自己的生命来泄愤的蠢事。可见，良好的情绪管理能力，对一个人一生的重要性。

可以说，良好的情绪管理能力直接决定一个人未来的前途和发展状态。正如歌德所说，谁不能主宰自己，谁就永远是一个奴隶。主宰自己，主要指主宰自己的情绪，这是干大事者所必备的能力。可以试想：你早晨上班，如果你总是一脸怒气，对谁都是阴着脸，其他的同事一定会想"是不是和老婆吵架了，或者是遇到什么不顺心的事了？"有了诸如此类的心理暗示，谁还敢与你说话呢？工作中出现问题，谁还敢去向你请示呢？久而久之，大家就自动对你产生畏惧感，做事畏手畏脚，有了问题，推卸责任，生怕惹你恼怒，那么，这样的团队怎么能作出好的业绩来！你如何才能从团队中了解更多的行业信息呢？如何才能带领团队克服困难，不断向前呢？

一个人不成功，并非是他们缺乏机遇，更不是因为他们资历浅薄，更不是他们能力不行，而是他们没能够掌握好自己的情绪，喜怒形于色，不能很好地将工作和生活分开来，连自己个人的情绪都管理不好，如何去管理别人，甚至带好一个团队呢？如何去获得他人的青睐，积累良好的人脉呢？

其实，那些不凡者，之所以能够成就大事业，主要就是依靠一种乐观且稳定的情绪定力。

俞敏洪说："企业实力弱，创业者经验不足，不能很好地处理一些困难，这个时候如果创业者的情绪不够稳定，就容易影响军心。"

李彦宏说："想想这十几年以来，我自己生命当中，经常说的就是认准了就去做，不跟风，不动摇，同时对自己要有清晰的判断，一个人应该做自己最擅长的事情，同时也做自己最喜欢的事情，这样的话，做成的概率会很大。"

黄怒波在谈到自己成功的经验时不无感慨地说："其实，我并不是一个天生的成功者，许多人都比我更聪明、更有才华。我唯一比他们强的只不过是我更容易控制自己的情绪罢了。我很冷静，从不为那些情绪化的事情浪费时间和精力——我的意思是说，我享受不起那种感伤。"所以，对于二十几岁的年轻人来说，良好的情绪管理能力是至关重要的。一个成功者，首先是一个思想成熟的人，是一个懂得克制自我的人，一个能用理智去驾驭自我的人。只有成功地驾驭自己的情绪与行为，我们才能够牢牢地掌控自己的命运，进而更好地把握自己的未来。

04. 向成功者学习，并努力与他们为伍

纵观古今，一个人之所以能走向不凡之路，无非有两点：一是个人勤奋努力，不断摸索，及时总结经验教训，最终走向了成功。绝大部分

人所走的都是这条路。毫无疑问，这样付出的代价实在是太大了。我们并不是否认有人通过自身的努力取得了最终的成功，但是更多的人终其一生奋斗也没有走出属于自己的成功之路。二是向已经成功的人士借鉴经验，向他们学习，获取他们成功的经验和方法。对于二十几岁的年轻人来说，我们往往缺的就是通向成功之路的经验和方法，所以，能够得到成功人士的指点和引导，就显得极为重要和珍贵。

我们向成功人士学习，除了汲取他们成功的经验和教训外，最重要的是从他们身上学习为人处事以及待人接物的智慧。

在每一个犹太人家里，当小孩稍稍懂事时，母亲就会翻开圣典，点一滴蜂蜜在上面，然后叫小孩子去吻经书上那滴蜂蜜。

犹太人的孩子几乎都要回答母亲同一个问题："假如有一天，你的房子突然起火，你会带什么东西逃跑？"

如果孩子回答是钱或钻石，那么母亲会进一步问："有一种无形、无色也无气味的宝贝，你知道是什么吗？"

要是孩子答不出来，母亲就会说："孩子，你应带走的不是别的，而是智慧，智慧是任何人都抢不走的。你只要活着，智慧就永远跟随着你。"可见，智慧对一个人的重要性。有这样一个故事：

如果有两个人掉进了一个大烟囱，其中一个身上满是烟灰，而另一个却很干净，那么他们谁会去洗澡？

"当然是那个身上脏的人！"

"错！那个被弄脏的人看到身上干净的人，认为自己一定也是干净的，而干净的人看到脏的人，认为自己可能和他一样脏，所以是干净的人要去洗澡。"

他们后来又掉进了那个大烟囱，情况和上次一样，哪一个会去澡堂？

"这还用说吗，是那个干净的人！"

"又错了！干净的人上一次洗澡时发现自己并不脏，而那个脏人则明白了干净的人为什么要去洗澡，所以这次脏人去了。"

他们再一次掉进大烟囱，去洗澡的是哪一个？

"这？是那个脏的人。不，是那个干净的人！"

"你还是错了！你见过两个人一起掉进同一个烟囱，结果一个干净、一个脏的事情吗？"

失败是一种切肤没齿的感受，成功是一种矜持倨傲的状态。失败者总是羡慕成功者成功后的姿态，却忽略了他们通往成功路上施展的智慧。从平凡到成功的转变是多数年轻人所憧憬的，但没有成功的思想及智慧，成功只是聊以自慰的幻想。所以，对于二十几岁的年轻人来说，我们不能总是慨叹命运的不济，努力向成功人士学习，并向他们不断靠近，甚至与他们为伍，汲取他们的成功思想，比肩他们成功的状态，才能让你真正走向成功的转折点。

当然，要向成功人士学习，一个最简单的方法就是阅读他们的传记，了解他们的成长轨迹，体会他们的心理动向，从而启发当下的自我。如果有条件的话，可以向成功的人进行请教。要知道，作为成功的过来人，他们有着十分丰富的经验、厚实的生活阅历与对成功的独到的见解。他们能从自我的角度出发，能在复杂的环境中，对你所作出的决策进行判断和预测，给出最诚恳的意见和建议，比我们自己看任何书籍都有效得多。毕竟任何人都不是全知全觉的，谁都有自己永远看不见、想不到的盲点。我们可以通过虚心地求教，让我们更容易发现自己哪些方面还做得不到位，还需要怎样的改进，进而有目标地调整自我，少走弯路。

当然，也许我们一辈子都不可能见到像马云、李嘉诚这样的成功者。不过，这并不妨碍我们向成功人士学习。在我们的身边，比自己成功的人并不在少数，在某一方面比我们优秀的人比比皆是，你只需要平时多加留意，多参加一些精英人士的聚会，一定能找到对你人生有所指导、有所启发的人。

如果我们实在无法一下子接近一个成功者，那就选择一个比较成功的老板打工吧。如此一来，我们不仅可以获得一笔工作的酬金，还可以在工作中随时观摩老板的处事方式，从中学习成功的经验和教训，一举两得，何乐而不为呢？

05.　掌握工作的全部

多数二十几岁的年轻人，都想早早地出人头地，成就自己的梦想。但我们要明白，我们刚入社会，在大学里学到的那些东西，仅凭手中的一纸毕业证书，是绝对无法实现梦想的。要想有所成就，我们首先要对自己所喜欢所从事的行业有所了解，熟悉这个行业里的全部流程以及尽可能地了解其中的任何细节。

要知道，对于自己所不熟悉的行业，我们很难会有所成就。正如一片沙滩上很难建起一座房子一样。对于二十几岁的年轻人来讲，我们并不缺乏在专业方面的知识积累和储备，但是，你还对现实所处的行业缺乏一种最起码的了解和认识，缺乏来自工作一线的最真切的感受。这些感受包括工作的整个运作程序、来自市场的最新的需求、消费者的反馈以及对世态人性的体味等，所有这些，都不是我们在大学的书本中能够学到的。

刘健从一所著名的大学毕业以后，凭借优异的成绩，进了一家出版社做发行工作。因为他勤快，工作态度端正，从不计较个人利益得失，为此，所有的领导都很器重他。

有一次，出版社正在进行一套丛书的发行和宣传，每天都忙得不可开交。当时的经理也没有招聘人手的想法，很多员工在工作了三四天之后，就开始抗议了，有的干脆向社里提出了辞职，而只有刘健一个人坚持到了最后。

在很多人看来，刘健是吃了大亏的，不给加班费，还天天加班。而刘健则将"吃亏是福"挂在嘴边。

因为工作出色，刘健就被调到了业务部，参与图书的直销工作。在这个时候，刘健的工作任务又加重了，他每天不仅要忙着包书、送书，还要负责邮寄和与印刷厂谈判等工作，任务量增加，但工资却没有增长。每当别人说他傻的时候，他总会笑着说出那句话："吃亏是福。"

就这样，刘健抱着"吃亏是福"的心态忙碌了两年，两年后，他开起了自己的工作室，无论是在编辑、发行，还是在出版上，他都非常地精通。这个时候，很多朋友才真正理解了刘健所说的"吃亏是福"的道理，他在工作中的确是占了大便宜。

对于年轻人来说，我们正处在人生事业的重要积累期内。这时的我们，没有经验、没有资历、没有关系，当然也没有资本，最重要的是没有多大的使用价值。除非在应聘时就能够明显地给用人单位带来实实在在的真金白银，我们不要幻想老板会给我们轻松舒服高薪的工作。毕竟企业不是慈善机构，对此我们应该有一个清醒的认识。同时，当你在工作中摊上加班、或者受人指派做与自身岗位无关的工作时，一定要表现得积极主动，而不是怨天尤人、牢骚满腹。领导让你加班，赶任务，别以为自己是吃了大亏，反而应该感到庆幸，因为领导只叫了你，而没叫其他的人，说明对方信任你、赏识你，说明你离升职、加薪不远了。在很多时候，吃亏是一种贡献，你贡献得越多，得到的回报就越多。乐于加班，情愿多干活，看似是在吃亏，终有一天，你会因为熟悉了工作的全部流程而占到大便宜的。

同时，在工作中的每一天，我们都要尽力让自己全身心地投入，只有全身心地投入一线工作之中，我们才能了解工作的真实面貌，才能建立起自己对工作、对行业、对社会的真实的感受。也只有找到了一种完全基于工作、基于市场的深刻的感受和丰富的经验，我们才能真正地开始掌握市场的规律，开始创造全新的价值，才能在行业里拥有自己的一席之地！

　　二十几岁的我们，似一棵小树，要想长成参天大树，要想在你所在的行业里，有更广远的立足之地，一定要懂得从细枝末节去着手努力。要知道，你只有把根深深地扎入地下，你才能枝繁叶茂、茁壮成长，只有根深了，才能站得更稳，经得住一次又一次的风雨的洗礼！

　　深入一线，掌握工作的细节，就是要为自己打下一个扎实的行业基础。离开了对行业知识的熟练掌握，任何一个年轻人要成功，都无异于白日做梦！

06.　将小事做细，将细事做透

　　对于二十几岁的年轻人来说，还需要培养一种谨慎认真的工作态度，即能将小事做细，将细事做透。这是无论对于职场中人还是初期创业者来说，都必须具备的一种态度和能力。

　　"泰山不拒细壤故能成其高，江河不择细流故能就其深"，此可谓成也"细节"；"千里之堤，毁于蚁穴"，此可谓败也"细节"。细节绝不是细枝末节，此时我们需要用严谨、认真的态度和科学的精神去观察细节背后事物的内在联系。将小事做细、将细事做透的人，才能够从细节中找到机会，从而使自己踏上成功之路。

　　一个下午，天空中猛然间乌云密布，瞬间下起了倾盆大雨，行人纷纷进入就近的店铺躲雨。一位老妇蹒跚地走进费城百货商店避雨，面对她略显狼狈的姿容和简朴的装束，所有的售货员对她都显得不耐烦，甚至视而不见。

一会儿，一个年轻人走到老妇人面前，诚恳地说："夫人，我能为您做点什么？"老妇人莞尔一笑："不用了，我在这儿避避雨，马上就走。"不久，老妇人显得有些心神不定，不买人家的东西，却在人家的屋檐下避雨，似乎有些不好意思，于是，她开始在百货店里转起来，哪怕是买个头发上的小饰物呢，也算是给自己找个心安理得的避雨的理由。

正在她犹豫不决，不知道该买什么东西的时候，那个小伙子又走了过来说："夫人，您不必为难，我给您搬了把椅子，放在门口，您完全可以坐在这里休息。"两个小时后，雨过天晴，老妇人向那个年轻人道谢，并向他要了张名片，慢慢地走出了百货商店。

几个月过去了，费城百货商店公司的总经理詹姆斯收到一封信，信中指名要求将这位年轻人派往苏格兰收取一份装潢整个城堡的订单，并让他负责家族所属的几个大公司下一季度办公用品的采购订单。詹姆斯感到非常惊喜，匆匆一算，这一封信所带来的利益相当于他们公司两年的总利润！

他迅速地与写信人取得联系，这才知道，这封信出自那位几个月前曾在费城百货商店躲雨的老妇人之手，而那个老妇人，正是美国的亿万富翁、"钢铁大王"卡耐基的母亲。

百货商店的经理詹姆斯马上把这位叫菲利的年轻人推荐到公司董事会上。毫无疑问，当菲利打起行装飞往苏格兰时，他已经成为这家百货公司的合伙人了。那一年，菲利才22岁。在后来的几年中，菲利以他一贯的忠实和诚恳，成为"钢铁大王"卡耐基的左膀右臂，事业扶摇直上、飞黄腾达，成为美国钢铁行业仅次于卡耐基的富可敌国的重量级人物。

由此可见，并不一定要做出一番惊天动地的大事才能获得成功，从小事做起，将小事做细，将细事做透，你便具备了成功者的品质，同时也拥有了成功的机会。

诚然，做到细节未必就能令人获得机会，但是，不关注细节，注定不会获得如此机会。习惯收获性格，性格收获成功。正所谓：莫以恶小而为之，莫以善小而不为。一个人的品性与其成功密不可分，只有将细节做好，才能成就辉煌的人生。

能将小事做细，将细事做透的人，往往是认真的人，这样的人，在工作中能生产出最优秀的产品。也只有认真的人，才能作出最为卓越的业绩。

要说对细节的严谨，德国人是出了名的，做事认真似乎是这个民族的习惯。

如果你在大街上丢失10元钱，英国人会毫不慌张，顶多耸耸肩膀像什么事也没发生一样；而美国人则会很快喊来警察，报案之后会留下电话，之后便会嚼着口香糖扬长而去；日本人则会痛恨自己的粗心大意，回到家中会反复地自我检讨；而德国人则会立即在遗失地点的100平方米内，画上坐标和方格，一格格地用放大镜仔细地寻找。也许就是因为这种精益求精的严谨的精神，德国人才造得出奔驰、宝马、阿迪达斯这样的世界名牌产品。

注重细节是一种积累，也是一种智慧，是一种长期的准备。在工作和生活中，如果我们关注了细节，就可以获得一些机遇，为将来的成功奠定基础。

细节显示差异，细节决定成败。在这个追求完美的时代，细节不仅能反映出一个人的专业水准，而且还能显出一个人内在的素质。

有一个女孩，她相貌平平，在一所极普通的中专学校读书，成绩也一般。她到一家合资公司去应聘，外方的经理看了她的材料，没有表情地拒绝了。女孩收回了自己的材料，站起来准备走，突然觉得自己的手被扎了一下，看了看手掌，上面沁出一颗血珠。原来是凳子上一个钉子露在外面了。她见桌子上有一块镇纸石，便拿过来用劲把小钉子压了下去，然后微微一笑，说声再见转身离去。几分钟后，那家公司的经理派人在楼下追上了她，她被那家公司破格录用了。

是什么改变了她的人生？压钉子只是小之又小的事，但细节决定了她的成败。正因为把握住了每一个细节，无意中为她创造了一个机会。这就告诉人们，有时机会就在你手里，并不需要你刻意去做什么，决定命运的往往是一些小事。决定小事的就是教养、人格和胸襟等等。有了这些，你才能轻易地把握细节，把握住机遇，人生才会精彩、辉煌。

把每一件简单的事做好就是不简单，把每一件平凡的事做好就是不平凡。在工作中，能将小事做细，将细事做透，成功便会在不远处向你招手。

07. 别让"眼高手低"害了你

"眼高手低"是二十几岁的年轻人经常出现的问题。这样的年轻人，有着高远的人生理想，眼高手低，往往瞧不起那些小工作，即便是做了，也不是心甘情愿，总觉得自己被屈才了，受委屈了。结果大事没做好，小事也干不了，什么成就都没有。这种人往往自认为自己身怀雄才大略，却因为缺乏踏实、肯干的心态无法受到领导的器重。然而，可以试想，一屋不扫，何以扫天下？小事情做不好，如何做成大事情呢？想做大事，就一定要有做大事的能力和心态，而这种能力则是经过一点一滴的不断积累而成的，并非学到什么就可以马上用到工作中来。如果你每天总是想着一些不切实际的"大事"，不仅实现不了你的雄心壮志，连自己的饭碗都有可能保不住。

每个梦想的实现，都需要一个漫长的过程。就像是参加一场马拉松比赛，有初赛、复赛和决赛。初赛的时候，大家都刚刚进入社会，实力一般，这个时候，你一定要摆正心态，稍微努力、认真一点就可以让自己脱颖而出，所以，很多人在 20 多岁就做了经理。要想成为这一群人中的一员，最为重要的就是要能够从小事做起，做他人不愿意做，做别人认为最低下、最卑微的事情，千万不能眼高手低，做好每一件小事是你赢得初赛的资本。

饭要一口一口地吃，仗也要一场一场地打。即便你想受到重用，也要从小事情做起。如果总是眼高手低，最终只能以失败告终。

曾经有记者采访李嘉诚时问道："您的企业在选用和启用年轻人时的标准是什么？什么样的人是你最喜欢的？什么样的人您不敢用？"

李嘉诚语重心长地回答："不脚踏实地的人，是一定会当心的。我看人并不保守，但是我认为，一个根本不好的人，还不懂得脚踏实地，这样的人信用就有问题，无论你如何有才，都是第二位的。"

天上不会掉下馅饼，从来没有不需要付出任何辛苦努力的工作，也没有唾手可得的收获。工作需要你付出体力、智慧和时间。只有乐意主动吃苦，锻炼自己，才有可能得到应得的利益。你的吃苦耐劳带给企业的是业绩的提升与利润的增长，而带给你自己的则是知识、技能、才干和经验的积累和增长，还有源源不断的机会。当然，还有源源不断的财富。

由此可见，一个人的才能和经验都是从基层的各种细节工作做起的，只有脚踏实地，一点一滴不断积累，才能够一步一步地迈向成功。

阿里巴巴首席执行官马云曾经有过这样的一番精辟的论断："所有的MBA 进入公司之后，首先都要从最基层的销售员做起，如果在 6 个月之后能够留下来，就可以继续留任。因为我想给他们更多的时间进行历练，只有沉得低，才能够跳得高。"

其实，这个世界上从来就没有什么"世外桃源"，任何工作都不如自己想象得那么完美，也都有不尽如人意的地方，作为一个有责任的人，要正确地对待工作中出现的一些问题、挑战，勇于从小事做起，敢于吃苦，在小事中不断地提升自己的能力，才能迎来更加美好的职业前景，最终的理想才能实现。

08. 看清时代潮流，顺势而为

对于二十几岁的年轻人来说，无论是创业，还是在职场中求发展，都要拥有一种能看清时代潮流的本领。要知道，在这个竞争异常激烈的环境中，要想单凭一股子的闯劲去开创你的事业，是绝无胜算可言的。也就是说，在人生的起步阶段，一定要顺应市场潮流而动，同时，也应该充分考虑当时、当地的形势与变化，顺应变化，高瞻远瞩，如此这样才能一举获胜，为你赢得利润。当然，这是需要你拥有细心的思考、调查与严谨的分析能力的。

同时，当你的团队准备要推出一款产品投入市场时，首先要考虑市场的行情，盲目地行动，很可能铩羽而归。要知道，在事业的起步阶段，你与业内一些大中型的公司相比较，并不具备人力、资源、资金、渠道、管理、品牌、信用、联盟等各方面的优势。在这样的情况下，就要集中全力充分地把握与发挥自身的优势，同时要弥补自身的不足，才不至于让劣势演变为企业致命的伤痛。

盛大自1999年成立，就遇到了网上泡沫的全面破灭。这导致全世界的互联网服务业一片萧条，互联网公司大批地倒闭。而侥幸"活"下来的几家互联网公司也纷纷从事"网下"的业务，且美其名曰"鼠标＋水泥"，它们都企图依靠所谓的"两条腿走路"的模式在网络寒冬之中获得继续发展与生存的机会。

在这样的情况下，盛大公司的创办者在仔细、冷静地分析了市场与产业环境之后，作出了详细的调查与研究，相信在未来，网游应该有巨大的市场。于是，创业者就将自己所拥有的资源坚定地投入到网络游戏领域。在盛大创业人辛勤不懈地耕耘之后，终于获得了巨大的成就和惊人的利润，成为2003年亚洲增长速度最快的公司。而那些依靠"两条腿走路"的公司，大都偃旗息鼓，股东和团队的回报几乎没得到什么利润。

盛大成功的故事得益于创业者观察市场的敏锐的眼光。也说明了两个问题，企业公司在起初的阶段，一定要注意两个问题，一是不要分散资源和精力；二是要看清楚行业的市场潮流，顺势而为，不能想当然东打一枪西放一炮。将企业最擅长的优势领域做好、做透、做大、做强，紧跟潮流的步伐，才能一举成功。

关于行业潮流形势，具体来说，要注意以下几个方面：

（1）细心观察日渐参与市场竞争的产品。要知道，在产品、营销模式同质化、利润微薄化的完全竞争市场，促进变化的往往不是市场本身的变革，而是对手变化的压迫，对手出招之后如果你不懂得接招或者接不住招，结果只有被吃掉或者死亡。

（2）要注意观察目标消费者的行为举动。关于这一点，你要记住：顾客只要合适自己的与能够解决问题的。

（3）注意留心人们生活方式的改变，人们生活方式的改变，往往蕴藏着巨大的商机，如果不注意留意，你也许可能会被淘汰。

（4）日新月异的技术创新，与技术进步，满足人们方便、快捷的心理需求，是创业者应考虑的。

（5）在资源异常丰富的情况下，用户可选择的产品越来越多，产品的差异化也就越来越小，这个时候，一定要学着促销了，谁能用促销手段打动用户，谁就能够卖得越多。

当然了，注意以上几点之外，还要把握住市场的大趋势和大潮流：

（1）平价。为消费者提供物超所值的产品，是市场的大趋势。从零售业态发展来看，越是高度文明的国家，平价概念越是发挥到极致，为此，大型过季的商品购物中心永远地受到消费者的青睐。而且，卖过季的商品投资比较小，通过发货量提高资金流通速度能够获得最为满意的利润额。

（2）健康。随着人们生活水平的提升，越来越多的人开始注重身体的健康。人们不再是因为生病才有医疗需求，保健的观念已深入人心，因此健康是一个时尚并且利润升值空间巨大的行业。

（3）个性。个性是未来人们对产品的需求，个性化的商品可以向卖场靠拢。当然了，个性化产品因为技术层次较低，大多都禁不起时间的考验，流行热潮退去后就一哄而散。因此在个性创业上，一定要以周围消费水平为指导，再量身定做创意商品，才有较大的获利可能。另外，个性化商品发展的另一个商机，就是要投身于各个大卖场。在现阶段，大型的卖场为寻求商品的差异化，积极引进特色的个性化产品，即便实力不够雄厚，只要产品够个性，各个卖场都会积极地引进。而进驻卖场的优点是，借由卖场的聚客力，可大大地提升营业额与知名度。

（4）教育。随着双薪家庭的比例越来越大，收入也越来越高，再加上父母的望子成龙愿望越来越强烈，教育无异成为一个拥有巨大利润空间的市场。

（5）女性。随着女性社会地位的提高，经济条件的独立，消费能力的提高，极多的产品开始着眼于女性，为此，可以多开发以女性为顾客目标的产品市场。

总之，掌握了这些之后，更重要的就是你要仔细去观察，具体情况具体分析。其实，创业成败很多时候，完全在于你自己的选择，同时，还在于创业之前的细心调查分析。在起步阶段，如果工作做得充足，信心与冲劲就会较高；反之则容易泄气。所以，在起步之前，任何问题都要仔细地分析、研究，把准备工作作充足，这样迈起步来，才会更省力。

09. 培养热忱的能力，提升你的专注力

对于二十几岁的年轻人来说，因为刚步入社会，难免对周围的世界充满了好奇，各种诱惑难免会让我们心猿意马，外界的各种纷扰也难免会分散我们的注意力。这个时候，热忱的专注力就显得极为重要了。

哲学家爱默生说："一个人没有热忱的性格，就不能够成大事。"伍罗·威尔森也说："没有热忱，世间便无进步。"热忱是一个人对某项事业达到狂热程度的积极热情的一种态度，在你遇到困难，梦想摇摇欲坠的时候，它能够让你有足够的信心再次坚持下去。当周围的人大声呐喊"不，你做不了"的时候，它就会轻轻地在你耳边对你说："我早晚能够做到！"热忱的性格与工作效益是密切相关的，或者说成正比关系。在多年前，诺贝尔医学奖得主、遗传学家芭芭拉·麦克林托克开始找第一份工作时，有见地的一位职业咨询顾问就告诉她说："芭芭拉，做人要热忱。再丰富的经验，也比不上热忱能使你获得巨大的成就。"

戴尔电脑的创始人迈克尔·戴尔的成功就是凭着自己对工作的异常专注获得的。他这样说道："我经常将自己置于'走火入魔'的工作境界，在这种境界中能焕发出巨大的个人潜能，这不仅让我成为世界500强公司中的一员，也让我自己日后的事业蒸蒸日上。"

戴尔年轻时，在奥斯汀市的德克萨斯大学读书，发现很多大学生都想拥有自己的一台电脑，但是因为价格昂贵买不起。这时，戴尔就想：

其实电脑经销商的经营成本并不高，为什么要让他们赚那么多的利润？为什么不由制造商直接卖给用户呢？

于是，戴尔开始对电脑市场进行考察。考察之后他发现，IBM 是当时个人电脑品牌的龙头老大，可以说几乎垄断了市场。正因为如此，IBM 公司规定经销商每月必须提取一定数额的个人电脑，而多数经销商都无法把货全部卖掉。他也知道，如果存货积压太多，经销商会损失很大。

明白了这个规则，戴尔开始了自己的行动，他按成本价购得经销商的存货，然后在宿舍里加装配件，改进性能。这些经过改良的电脑十分受欢迎，很多同学都来找他。戴尔见到市场的需求巨大，于是在当地刊登广告，以零售价的 85 折推出他那些改装过的电脑。不久，许多商业机构、医生诊所和律师事务所里的人都成了他的顾客。

尽管戴尔的生意越做越火，但是他的父母却很反感，因为他们希望儿子成为一名医生。有一次，戴尔放假回家时，他的父亲表示担心他的学习成绩，劝说道："如果你想创业，等你获得学位之后再说吧。"

面对父亲强烈的反对态度，戴尔也不好说什么，只好暂且答应了下来。可是一回到奥斯汀，他就觉得如果听父亲的话，就是在放弃一个一生难遇的机会。

"我认为我绝不能错过这个机会。"一个月后，戴尔又开始销售电脑，每月赚 5 万多美元。看到了如此巨大的财富，戴尔第一时间向父母坦白："我决定退学，自己开办公司。"

"你的目标到底是什么？"父亲问道。

"和 IBM 公司竞争。"

戴尔的话，让父母非常吃惊，一致认为他太好高骛远了。但无论他们怎样劝说，戴尔始终坚持己见。终于，他们达成了协议。他可以在暑假时试办一家电脑公司，如果办得不成功，到 9 月他就要回学校去读书。

有了父母的同意后，当时只有 19 岁的戴尔开始在电脑市场大展拳脚。他回奥斯汀后，拿出全部储蓄创办戴尔电脑公司。他以每月续约一次的方式租了一个只有一间房的办事处，雇用了第一位雇员——一名28岁的经理，负责处理财务和行政工作。在广告方面，他在一只空盒子底上画了戴尔电脑公司第一个广告的草图。朋友按草图重绘后拿到报馆去刊登。

结果，戴尔公司第一个月营业额便达到了18万美元，第二个月26.5万美元，父母只好同意他退学。随后，不到一年，戴尔每月售出个人电脑1000台，积极推行直销、按客户的要求装配电脑、提供退货以及对失灵电脑"保证次日登门修理"的服务举措，为戴尔公司赢得了广阔的市场。

到大学毕业的时候，戴尔公司每年营业额已达7000万美元。这时，他停止出售改装电脑，转为自行设计、生产和销售自己的电脑。今天，戴尔电脑公司在全球16个国家设有附属公司，每年收入超过20亿美元。

戴尔对工作有着无休止的热忱，他知道自己在做什么，他知道自己会取得成功，正因为有这样的信心，有这样的工作专注度，才让戴尔在其他电脑厂商崛起前就奠定了品牌效应，才会一次次地取得成功，进而使自己成功跻身到"全球首富圈"。

弗烈得利克·威廉森说："我活得愈久，便愈确定热忱是所有特性或质性中最重要的。通常，一个成功者和一个失败者的技艺、能力和才智差异并不很大。假使有两个人，以同等的能力、才智、体力与其他的重要质性开始，会出人头地的是那个满腔热忱的人。同时，一个能力平平却抱持着热忱的人，往往能超越一个能力强却毫无热忱的人。"一个拥有热忱性格的人，无论多大的年纪，仍旧充满青春活力，就是因为他们始终能抱持一颗赤子之心。大提琴家卡隆尔斯在90岁时，每天早晨都会先弹奏一下尼哈的乐曲，乐声从他的指间飘过时，他会把弯曲的腰背挺直，两眼再度流露出欢欣的神色。

对卡隆尔斯来说，音乐是长生不老的灵丹妙药，使人生变成永无止境的探险。正如作家兼诗人欧尔曼所写的那样："岁月使皮肤添加皱纹，失去热忱性格却令心灵发皱。"

热忱是一股伟大的力量，它可以补充你的精力，不断地为你充电，并形成一种坚强的个性，激发你的潜能，让你充分发挥自身的优势和潜力去应对你的事业，达到最终的成功。

一个拥有热忱性格的人，是不会以金钱、地位和权力为目的去工作的，他们从内心真正地热爱他们所从事的职业，甚至会将工作当成他们生命的一部分，全身心地投入，所以更容易做出成就。有一次，一位记者问比尔·盖茨："你成功的秘诀是什么？"盖茨答道："对工作的热忱！"

对方又问："你的热忱主要来自哪里？"

比尔·盖茨回答道："我在很早的时候就听过一句话，是说'在我不再以金钱为目的而工作之前，我连一个铜板也赚不到。'"

总之，热忱可以补充你的精力，不断地充电，并形成一种坚强的个性。那么，如何才能让自己拥有热忱的性格呢？其实，发展热忱的性格很简单。首先，一定要从事自己最喜欢的工作，或者提供最喜欢的服务。如果因为情况特殊，目前无法从事自己最喜欢的工作，那么，你也可以采用另一种有效的方法，那就是把你将来要从事的最喜欢的工作，当做是自己人生的目标，这样你就能全身心地投入当下，不断地向那个目标前进。

任何成功都可以称之为热忱性格的胜利。没有热忱的性格，不可能成就伟业，因为无论多么恐惧、多么艰难的挑战，热忱的性格都赋予它新的含义。缺乏热忱性格的人，注定要平庸地度过一生；而有了热忱的性格，你才能够创造新的奇迹。

请记住，热忱是成功与成就的源泉。一个人意志力和追求成功的热忱越强烈，那么，成功的概率就愈大。

10. 勇舍"过去"，别让痛苦羁绊了你的步伐

一位哲人说："一味沉溺于"过去"时光中的人，是无法把握未来的人。"对于二十几岁的年轻人来说，在追求成功的道路上，难免会遇到磨难和挫折，很多人总是以各种各样的形式，将自己隐藏在过往的时光之中，完全沉浸于过去的不幸和痛苦中，给人生蒙上一层悲观的阴影，自责和埋怨过往的自己。一味地沉溺于过去，会分散你当下的注意力，阻碍你前进的步伐。其实，我们无须拿过去的哀伤与卑微去惩罚自己，让自己失去永远向前的机会，毕竟过往已经一去不复返了，此时此刻才是活力的源泉，只有好好把握当下，才有可能在未来用辉煌洗清过往的耻辱，抚慰过往的伤痛。

巴西足球队是世界上颇具实力的球队，在 1954 年的世界杯足球赛开始前，巴西的男女老少都认为自己国家的球队能够荣获世界杯赛的冠军。然而，天有不测风云。在半决赛的时候，巴西队却意外地输给了法国队，结果没能够拿下金灿灿的奖杯。

所有的球员心里都明白，足球是巴西的国魂，他们懊悔至极，感到无脸去见家乡的父老乡亲。他们明白，球迷们的辱骂、嘲笑和扔汽水瓶子都是难以避免的。

飞机进入巴西领域之后，球员们的内心更是感到不安，可是，当飞机降落在墨西哥机场的时候，映入他们眼帘的却是另一番景象：巴西总统与两万多名球迷默默地站在机场前，人群之中有一个醒目的字条：所有的一切都已经成为永久的过往，要敢于和过去说"再见"。看到这行字，球员们顿时泪流满面，原本低垂的头全部都昂了起来。

　　四年之后，巴西足球队不负众望赢得了世界杯冠军。在回国的时候，有16架喷气式战斗机为之护航。而当飞机降落在道加勒机场之时，所有聚集在机场上的欢迎者多达几万人。在从机场到墨西哥中心广场将近20公里的两条道路旁边，自动聚集起了100万人，场面很是壮大。

　　然而，人群中又一次出现了四年前的那条横幅："所有的一切都已经成为永久的过往，要敢于和过去说"再见"！

　　所有球员们高高场起的头都全部低了下来。

　　人的一生是一次漫长的旅行，所有眼前的事情，在时间的长河中都会显得极为渺小，真正值得你去做的不是缅怀过往，而是重新开始断续创造你的未来，这才是最有意义的。

　　对于过去的伤痛和挫折，我们要坚信：从挫折发生的那一刻起，我们就摒弃了过往，我们就要把过往从自己的记忆中永久地删除，这样才能够瞻仰前方，看到远方的希望，只要风雨兼程，勇往直前，最终会换来属于自己的一片晴空。

　　一位七十多岁的老妇人，正值花甲之年，应该是享清福的时候，然而，她却遭受了平生最大的苦难。丈夫突然去世，让她精神饱受折磨。当她正沉浸在丧夫之痛时，接下来的打击更是让她的精神几近崩溃：首先是她的几个子女为遗产继承问题闹得不可开交，而且相互之间还大打出手。接着便是丈夫生前所经营的公司倒闭，欠下了一大笔债务。为了还债，她只好卖掉家中所有值钱的东西。这一系列的不幸，让她每天都郁郁寡欢，她不知道自己以后怎么走下去。

　　她每天都自言自语道：我已经70岁了，我已经70岁了！每个人都清楚，她是在为自己的未来担心。为了生活，她必须到外面找一份工作，但是当这个念头冒出来的时候，她自己都震惊了：哪里有人会雇佣一位老妇人呢？即便是有人愿意，一位70岁的老妇人能干些什么呢？年纪这么大了，谁愿意相信她并且给她一份工作呢？

她每天都担心别人嫌她太老，担心因为动作迟缓还不愿意雇佣她……这一系列的担忧，让她每天茶饭不思，多数时候还会怀念丈夫在世的岁月。因为怀念而生悲痛，让她痛不欲生，久而久之，贫穷、疾病和孤独等等全部都被她请进了大门。

她只好住进医院，医生了解到她的情况之后，就对她说："你的病是因心而生，需要长时间的住院治疗才成。但是，你又没多少钱，我看这样吧，从现在开始，你可以选择在医院做临时工，以赚取一些医疗费用。"

她就问道："我能够做什么呢？"医生说道："你就每天打扫病人的房间吧！"

于是，她就开始手握扫帚，每天都不停地开始忙碌。慢慢地，她内心就恢复了平静：反正没有比这个更好的活法了，而且就自己目前的状况来说，别无选择。她开始不停地忙碌起来，每踏进一间病房，就开始目睹一次他人的病痛与折磨，心也就开始豁亮一次。因为她觉得自己是所有病人当中情况最好的。慢慢地，她也无须担心什么了，因为实在太过忙碌了。对于她来说，烦恼和担心反而成为了一种奢侈，因为那是闲暇时间会发生的事情。

就这样，她用一个月的时间彻底驱散了心理和生理的病魔。接下来，她最急需解决的就是贫穷问题。为此，当医院让她"出院"时，她又一度陷入焦虑之中，她不知道自己出去还能干什么！于是，她诚心地说服医院让她留了下来。她就在医院保洁员的岗位上又待了三年时间。因为经常接触病人，她对病人的心理很了解。三年以后，她被院方聘请为心理咨询师。心魔、病魔、孤独彻底离她而去，贫穷也开始向她挥手告别，她没想到自己在垂暮之年，人生还能再次发光。

在她75岁的那年，她用自己的"行动"获得了医院近一半的股权。她的办公室中有这么一句话："昨天的痛，已经承受过了，有必要反复去兑现吗？明天的痛，尚未到来，有必要提前结算吗？只要肯用行动充实每一个'今天'，并能够勇敢向前，机会就会在柳暗花明间。"

沉溺于过往的痛苦和哀伤中不能自拔，会使你远离自己的真实的心灵，将自己囚禁起来。如果你对过去的一切感到遗憾，那么你就忽略了"当下"的时光，拒绝承认自己是强大的未来的创造者。正如故事中的老妇人所说：过去的痛，已经承受过了，有必要反复去兑现吗？明天的痛，还尚未到来，有必要提前结算吗？只要你肯用行动充实地过每一个"今天"，并能够勇往直前，机会就在柳暗花明间！

当然，我们说不要活在过去的时光中，并非让人完全地忘却过去，而是让人远离痛苦，从过去的失败中吸取经验教训，切勿沉溺在过往的时光之中。切勿让过去分散你的精力，阻碍了你前进的步伐。拿破仑曾说过：承认自己的无能就是选择了失败，这种人往往只会逃避生活，一事无成会是他们的必然的结局。

生活中永远只有两种人：强者与弱者，如果你认为自己的过去、现在曾经注定只能成为一只鼠，那么最后的结果只有一个，就是要成为猫的食物。而永远不向生命妥协的人，最后一定能够厚积薄发，成为一只雄壮的雄鹰。

第四章

这 10 年，需要苦练的几种真本事

01. 练就一门看家本领，它是你的核心竞争力

二十几岁的你，你应该考虑一下，除了一张毕业证或文凭外，你是否还有一门看家的本领，也就是指你是否有一门娴熟且过硬的技能。人们常说："家有良田万顷，不如薄技在身。"拥有一技之长，是安身立命的本钱；而精通于某一职业，某种绝活，则是一个人飞黄腾达的前提。很多人一生碌碌无为，一事无成，都是因为没有能够潜下心去修练一种真本事，真技能，所以成不了真金子，人生也就永远黯然无光。

其实，对于二十几岁的年轻人来说，我们没有一张大学文凭其实并不可怕，可怕的是我们除了年轻的脸孔和身体之外，再也找不出一样看家的本领来。要知道，我们立即要投身社会，迎接我们的将会是严酷的生存挑战。文凭、毕业证、成绩单、工作经验等，这些多数人都有的，很多时候，并不能成为我们安身立命的资本。如果你有一项过硬的本领，不仅比别人多了一条生存的筹码，还可以在关键时刻"点石成金"，为你

83

带来更多的机会。

今年 23 岁的张恒从一所普通大学毕业后，由于缺乏工作经验，就委曲求全地在一家工厂做流水线工人。周围的同学都为他叫屈：再不济也是个大学生，竟然去做初中生都能做的工作。但是只有张恒自己心里明白，大学四年，自己尽管学习成绩不差，但却没有一件拿得出手的手艺，即便是电脑他都不怎么会用，这是让他求职屡屡碰壁的主要原因。认清这个现实后，张恒便在打工期间，报了一家电脑培训班，从最基本的五笔打字开始，再到办公软件的应用。一年后，他又开始学计算机编程，渐渐地，他不知不觉地对计算机产生了浓厚的兴趣，每天下班后就独自钻进计算机房学习。

在这期间，很多同事都嘲笑他：真是书呆子，学了那么久，还不是跟我们一样在流水线上做苦力？对此，张恒并不气馁，他坚信学到手的技术总会有发挥作用的一天。

终于，机会来了。一天，他在流水线上工作时，发现一个计算机线路板上标的数据出现了错误。于是，他就向机组长提出了自己的看法。随即，果真，他反映的问题受到了技术总监的重视，并对张恒的表现感到惊讶，没想到一个在流水线上的工人竟然能发现这样的错误。随后，技术总监将张恒叫到办公室，才了解了他的经历。技术总监对他很是佩服，当场决定让他进技术组。就这样，张恒离开了又脏又累的生产车间，搬进了明亮的办公室。

凭借过硬的专业技术和认真的工作态度，张恒在新的岗位上崭露头角，赢得了领导的信任。随着工作的进一步开展，张恒的工资待遇有了大幅度的提升。

著名企业家王文汉说："要在英特尔立足并得到发展，无论你的职位如何，首先要成为某一方面的专家，也就是说要有自己的看家本领，要拥有自己的核心竞争力。"可见，对于二十几岁的年轻人来说，多掌握一门技术，就等于给自己多开了一扇方便之门。很多时候，掌握一门过硬的技能，就是我们生存的本钱，也就等于给自己的未来上了一道保险。

在生活中，很多老板曾这样说："我不是不想用大学毕业生，我派他们去工作的时候，发现他们根本没有一技之长，倚仗自己有一张大学文凭，不安心工作。所以，我宁愿找那些在社会上待了两年，递过100份求职信都碰壁的人。他们有自知之明，给这样的人一份工作，他们就会认真去干。"可以说，一个有一技之长的人，无论在何时何地都有饭吃，都会备受欢迎。

一位资深的人力资源主管，曾遇到这样一位年轻人：

主管：你来面试的是什么职位？

年轻人：我刚毕业，您看看我能胜任什么职位，给我安排一个吧。

主管：你有什么优势吗？

年轻人：我……我年轻。

主管：呵呵，除此以外呢？比如你会些什么？平面设计、网站建设、英语翻译？总要有一个长处吧？

年轻人：这……我似乎什么都没有。

主管：那实在抱歉，本单位需要至少有一技之长的人，如果你什么都不会，也就意味着你不能给本单位创造任何价值。同时，也意味着你没有任何价值，你觉得我会录用一个没有任何价值的人吗？

年轻人听完主管这一番话，站起身来，说了句谢谢便匆匆离开。

其实，多数年轻人都有着类似的求职经历。面试官的回答的确有些残忍，但是对于那些刚刚步入社会的年轻人而言，如果不具备任何优势，没有一技之长，在这个人才济济的社会中又该如何立足呢？

环顾四周，我们经常会发现身边有很多人并不具备一技之长，他们的青春都用在了网络游戏中。当青春逝去，剩下的只是一具直立行走的躯壳罢了。丧失了核心竞争力，不具备一技之长的人只能眼睁睁看着身边的人越过越好，而自己能做的或许只能是哀叹自己曾经是如何挥霍了青春。

于是，我们经常能听到身边人滔滔不绝地回忆自己年轻时做过的那些荒唐事，却从不敢谈现在自己能做什么、将达到什么目标，这便是没有核心竞争能力的悲哀。

作为二十几岁的年轻人，我们不能总是想着做一些体面的工作和风光无限的大事业，在不能保障生存的条件下，想那些事情都是毫无意义的。我们首先想到的应该是学到一门拾遗补缺的看家技能，把它做精做细了，在行业内树立了自己的旗帜，然后再图大的作为。

在二十几岁的时候，我们没有一门手艺还有情可原，因为我们还年轻，还可以通过学习充实自己、改变自己。但是如果到了 30 岁的时候，我们依然两手空空、一无是处，那么就真该为自己的前途担忧了。

02. 说话能力：好口才是助你腾飞的关键

对于二十几岁的年轻人来说，无论是在职场中谋求发展，还是在生活中与人交往，抑或是积累人际资源，说话能力就显得极为重要。一个有好口才，会说话的人比一个不会说话的人更容易成就人事。无论是牛根生还是巴菲特，在众人面前，他们的口才都是富有感染力的，能快速地征服人心。而对于普通人来说，想要人生更为精彩，就必须练就出众的口才能力。很多时候，在关键场合的一句话，就有可能成为你人生的发迹点。为此，如果你的语言充满感染力，能够打动周围的听众，那么，你就离"雄起"的日子不远了。

拥有好口才，就拥有了一种征服人心的大"能量"，一个懂得说话技巧的人，即便一无所有，也依然能够通过一句话，做到左右逢源、朋友遍天下。尤其在现代社会中，为人处世、说服他人、展示自我、领导下属、求人办事、追求爱情……这些都要求高效，如果你吭吭哧哧了几个小时，却依旧没能打动对方，那么成功自然会与你绝缘。

诸葛亮正是因为拥有好口才，所以能舌战群儒，凭三寸不烂之舌，战胜百万雄兵。想要在人生的路途上不断收获快乐、人脉、事业，我们就要把嘴巴"磨得锋利"，让自己拥有好口才，可以让你的人生一帆风顺。

有句话叫做"是人才不一定有口才，但是有口才必定是人才"。在当代激烈的商业竞争中，拥有好的口才能让你事半功倍，获得意想不到的成功。就比如说香烟，每个人都知道吸烟有害健康，但是用不同的方式表达出来，得到的效果却是截然不同的。

杜宝林是上世纪初上海极为著名的滑稽演员，他曾用自己超群的口才成功地做了一次香烟广告，获得了巨大的利润。

在一次演出中，杜宝林巧妙地将话题扯到了吸烟上面，他这样说道："抽烟其实是世界上顶坏顶坏的事情。怎么讲？花了钱去买尼古丁来吸嘛……我老婆就因为我喜欢抽烟，天天跟我吵架要离婚。所以，我奉劝各位千万不要抽烟。"说罢这样的话之后，他突然把话题一转："不过话又说回来，戒烟是最难的事情。我17岁起就开始抽烟，到如今都抽了几十年了，烟不但没戒掉，瘾却越来越大了。我横竖想，最好的办法是吸尼古丁少的烟。向各位透露一个秘密：目前市场上的烟，要数'××'牌香烟中的尼古丁最少。"他这种欲扬先抑、以退为进的方法，一下子就抓住了顾客的消费心理，最终取得了良好的广告效果。

从表面上看，要从尼古丁的角度去说服顾客购买香烟是不大可能的，但是只要你头脑足够的灵活，拥有绝佳的口才，就可以获得意想不到的成功。

当然，伶俐的嘴巴，好的口才，并非天生就有。想要一句话顶一万句，就需要在不断地磨砺中提高自己说话的本事，让口才不断"升级"。不管你生性有多聪慧，接受过多么高深的教育，穿着多么华丽漂亮的衣服，如果没有良好的口才，仍旧无法真正实现自己的人生价值。那么，生活中，如何才能让自己拥有良好的口才呢？

1. 摸准对方的性格"对症下药"。

口才的重要功效在于"说服"别人，想要做到这一点，你就首先要了解对方的性格特征，读懂他的信息，从而调整相应的策略：软磨硬泡、对症下药、借力打力……一个说话高手，每一句话都如"一颗炸弹"，直击对方内心深处，让他不得不"俯首称臣"。

2. 多给自己说话的机会。

好口才都是练出来的，你只有多参加一些公众活动，多与人交往，才能在不断总结中锻炼出一副好口才。演说、谈话都是语言点燃人心灵火花的高超艺术，只要你拥有自信，能够在社交场合多说多练，长久地坚持下去，一定能巧舌如簧，拥有高超的口才的。

3. 根据实际场合，灵活掌握，巧妙运用。

在不同的场合，针对不同的人，你可以应用不同的口才技巧。比如你可以通过恰到好处的赞美赢得他人的好感，通过幽默的话语创造和谐的氛围，可以通过适当的场面话给别人留下好的印象。油嘴滑舌、夸夸其谈、哗众取宠不算口才好，说话到位、得体、巧妙、幽默风趣、忠言不"逆耳"、含蓄委婉，才是好口才的真正体现，这些也是你成为交际圈最受欢迎的人的基础。

当然，拥有好口才的本领并非来自天赋，而是需要我们用特有的敏锐洞察力去感悟，需要在生活的每一个片段中不断地搜寻、提炼，把它与自己的生活融会贯通，使之真正为己所用。

总之，不管你在什么时间，身处什么地方，也不管你在做什么，都需要一副好的口才。通过有形的产品或无形的理念，以完成自己所欲达到的目的，口才深深影响着每一个人一生的成败，也就是说，只有擅长口才者，才更加可能成大功、立大业。因此，练就一副好口才，就等于为你玩转职场和商战铺好了最坚实的基石。因此，在生活中，我们适当地掌握一些说话的技巧和表达方式，提高遣词造句的能力及合理使用谈话的资料是一项极为重要的事情。

03. 交际能力：良好的人际关系让你更有竞争力

美国一家知名企业曾做了这样一项调查：一个成大事者最为重要的软实力是什么？调查的结果显示：有 80％以上的人认为，成大事者最重要的软实力就是接人待物的能力。换句话说，就是人际交往的能力。

关于这些，国内的一些知名企业家也有同样的看法。

上海威顺康乐体育咨询有限公司董事长吴樏华说："自己有两三千个朋友，其中，每年常打交道的朋友就有 1500 个，而经常联系的则有三四百个人之多。我个人的资产之所以能超过八位数，大部分的功劳都要归功于周围的这些朋友。自己开公司、介绍推荐客户与业务等，各种朋友都会主动去照顾我，有什么好的合作项目也总是会想到我。"

还有正泰集团股份有限公司董事长兼总裁南存辉，本是一名小鞋匠，后来就是凭借自己极强的交际能力获得了极大的成功。后来，他常常在向人们介绍自己的成功经验时说道："一个人成大事的主要因素，最重要的就是交际能力……一点都没错，拥有好的人脉关系是我们事业获得成功的必备条件，也是我们一笔不可多得的无形资产。"

所以，对于二十几岁的年轻人来说，要成为一名工作上有建树的精英人物，要成就一番大事业，一定要提高你的交际能力。

无论在哪一个行业，无论处于什么样的职位，人际交往能力，都是个人实力的代表。因为在这个时代，单单拥有超群的个人能力，是极难做出较大的成绩的。不论什么样的工作，都需要花费大量的时间与人交际，与人合作。主要可以从以下几个方面去努力。

1. 在被人需要中锻炼自己的交际能力

经常出入各种交际场合的你是否问过自己这样的问题："我有被别人需要的价值吗?"人际交往讲求切实的互惠互利，没有人愿意对一个没有价值的人进行人情投资。只有一个被需要的人，才能为自己的人脉存折增加份额，才能拥有更为广阔的人脉网络。

另外，要想赢得更多人的青睐，就必须在努力工作，加强自身硬实力积累的同时，也要加强个人修养，增加自信心，注意小节，来为自己的身价增添砝码。

2. 让整洁清爽的外表为你增加个人魅力

提高交际能力不仅要靠良好的口才，更重要的要靠个人魅力。魅力就是一个陌生人一看见你也会对你产生好感，并且愿意与你交谈。一个有魅力的人总是能够使自己在社交当中事半功倍。而整洁清爽的外表和优雅的谈吐举止是一个人魅力的基本表现，也是一个人道德修养及文化素养的外在表现。所以，要提高自己的交际能力，首先要注重自己的外"貌"，这是魅力社交活动最基本的要求。

如果说那些事业上取得成功的人有何独特之处的话，那就是他们平时都注意个人修养，随时都经营自己的人际关系，即便是手头的工作再忙，也不会轻易忽视周围的人，到关键时候，凭借自己结识的这些人脉来创造出更为辉煌的事业。所以，如果我们想成就属于自己的一番大事业，一定要更新自己的"交际观"，时时刻刻去提高自己的交际能力。

04．做事情，要分清轻重缓急

电脑巨子洛斯·伯罗说：凡是优秀的、卓越的、值得称道的东西，每时每刻都要用在刀刃上面，要不断地努力才能够保持刀刃的锋利。他认为，要卓有成效地完成一件事情，一定要首先确定好事情的轻重缓急，这是将事情做好的第一步，紧接着还要付出巨大的努力，因为事情本身不会自动办好。就是说，在行事之前，就要先给事情分类，有重点地做事，这样才能提高行事的效率，将时间用在刀刃上，加速成功的步伐。

那些成大事者，从来不会将时间和精力浪费在小事情上，因为小事使他们偏离自己的主要目标与重要的事项。那些工作效率高的人，对无足轻重的事情会无动于衷，而对那些比较重要的事情要锱铢必较。一个人如果强迫自己能将每一件事情都做好，或者分不清楚哪件事情更重要，哪件事情更为紧急，那么只会白白地浪费了宝贵的时间，这样的办事方式，注定会失败。

如果你刚开始就深谙事情轻、重、缓、急的人，在处理一年、一个月或一天的事情之前，总是会按分清主次的办法来安排自己的时间，你当然会获得成功。

有"造船大王"之称的日本商人坪内寿夫就是一个非常懂得"先做要事"的人，他认为，只有将自己一天、一年、十年甚至一生的时间合理地安排好，先明确自己哪些事要优先做，哪些事情比较紧急，这样能让你更卓有成效地完成你的人生目标。

坪内寿夫在每天上班时，总是会先列出哪些是要事，哪些是急事。因为每天都会有很多需要处理的事情。为此，他会把一切事务都抛开，全神贯注地处理最重要的事情。不需要自己亲自处理的紧急事情，他就会交给助手去解决。正是这种井井有条的做事方法，让他的企业莱岛集团迅速发展，成为全世界最大的造船集团。

由此可见，那些在做事之前能够充分地考虑并合理地安排好事情轻、重、缓、急的人，能够快速地走向成功。为此，在确定每一年或每一天该做什么事情之前，就必须要及时停下脚步，站在一个宏观的角度去规划一下自己的时间。

1. 你的做事目标是什么？

只有在制订了极为清晰的目标之后，才能感觉到自己生存的意义和价值，从而为实现自己的目标而坚持不懈地努力。缺乏目标的人，就好似没有方向盲目航行的船，最终一定会驶入一片死海之中。

2. 你需要做什么？

分清事情的轻重缓急，最为重要的是必须要弄清楚什么任务是必须要完成的，哪些是可做可不做的。必须要完成的，并不一定要你亲自做的，你可以尽快地安排给别人去做，自己在一边协助或者监督即可。

那些工作效率较高的人，是那些对无足轻重的事情无动于衷，而对那些比较重要的事情锱铢必较的人。一个人如果强迫自己把手头的工作或者强迫自己把每一件事情都做好，最终的结果是一件事情都做不好，包括最重要的事情，这是得不偿失的。为此，无论做什么事情，我们都要坚持"要事第一"的原则，将最多的时间、最大的精力都投入到最为重要的事情上面，这样才能够最大限度地创造出"生产力"来，才能迅速地从周围的同事或同行中脱颖而出。

3. 最有价值的事情是什么？

知道什么最有价值，就是要你把主要的时间和精力放在能为自己创造最大价值的事情上面，这样才能够比他人做得更为出色。

最有价值的事情，是重要而不紧迫的事情，这是真正需要我们花费大量的时间和精力去做的事情，因为它直接决定了我们的工作业绩。依据巴莱托的二八定律，就可以得知，最为合理、最有效的时间管理方法应该要把八成的时间用来做那些能给自己带来回报的事情，而将二成的时间用来做其他的事情。绝大多数在工作中取得成效的成功者，都是这个定律最为忠实的拥护者。

4. 做什么才能让我满足？

最为有价值的事情并不一定能让自己获得满足感和快乐感，所以，无论你从事什么样的工作，处于什么样的位置上，应该把多数时间用在做那些能让自己获得满足感和快乐感的事情上，这样才能够永葆对生活的热望，也能够保持极高的行事效率。而如果你总是做一些让自己乏味，甚至厌烦的事情，即便是取得了令人瞩目的成绩，人生也没有得到丝毫的快乐。

消除了以上的这些疑虑之后，接下来就要明确要做的事情的轻重缓急了，大部分人总是习惯于根据事情的紧迫感来行动，而置事情的优先程度于不顾，这种做法是极为不科学的，也是极难取得什么成就的。只有懂得生活、善于享受生活的人，才能依事情的优先顺序有层次、有顺序地开展工作，才能让自己更快地迈向最终的成功！

要时刻记住：不要把所有的事情都放在你的压力区，尝试着去分清楚事情真正的关键所在，然后投入主要的精力与时间，尽量将事情做到最完善。人的精力是有限的，全是重点，就是没有重点，只会白白浪费了你的时间。

05．要耐得住寂寞，经得起诱惑

对于年轻人来说，在个人成长的道路上，不可避免会寂寞难耐，面对重重的诱惑，在这样的情况下，我们只有保持一种执著的心态，才能使成功之路走得更为顺畅。执著是一种坚守，在纷至沓来的诱惑面前，如锚碇般坚强稳定，稳住左顾右盼、游离不定的心思；执著也是一种专注，是一心一意、全神贯注的追寻与探索，更是锲而不舍、孜孜不倦的探求。在成功和机会来临之前，我们需要的是耐心的准备和积极的等待，这是寂寞难忍的。可是，很多人则正是没有了解寂寞的真谛，以致抛弃它，最终也将成功抛弃。有时候，很多人之所以不断地失败，就是因为耐不住寂寞，以至于让自己成为诱惑的俘虏。

欲成就大事都需要耐心等待，需要耐得住寂寞，等待属于自己的那一刻。李嘉诚等待过，张艺谋等待过，杨澜等待过……当你看到如今的他们功成名就，你可曾想过他们当初的等待和耐心？每个成大事者都会经历一段低沉苦闷的日子，很多成功者在苦闷的日子也曾借酒浇愁，也会为了维持基本的生存而在挣扎。当初的他们也热切地渴望成功，但始终却两手空空，亦如现在的你。当时的他们也没有想到自己有一天也会光辉灿烂，但他们则选择了耐心等待，在种种诱惑面前坚持了自己，最终积蓄了力量，取得了辉煌的未来。

耐得住寂寞，才能经得起诱惑！这是一种心境，一种智慧，一种精神内涵，蓄积着惊人的力量。在抵达目标之前，与寂寞为伴是极为痛苦的，在诱惑面前能够坚守自己是纠结的，然而寂寞和诱惑却不是一首悲歌，而是一条滚滚奔向前的大河，在迂回曲折之中孕育出的快乐才是人生真正的大快乐！

一位年轻人问智者："我如何才能够成功地攀登到梦想的山巅？"

智者听罢，微微一笑，然后他从地上捡起一张纸，叠只小船放在身边的小河，小船不喧哗，不急躁，借着水流，一声不吭地驶向前方。途中，蝴蝶、鲜花向它骚首弄姿，它不为所动，默默前行……

老者说："人生在世，金钱、美色、地位、名誉等等诱惑太多。如果我们因思谋金钱而驻足，因贪恋美色而沉沦，因渴求名誉而浮躁，因攫取地位而难眠，故难以像小船一样，不因寂寞而被种种诱惑所动，向着目标默然前行。这就是为什么有些人做事往往半途而废，不能成功的原因。"

年轻人听过之后，茅塞顿开，然后打起行囊道谢离去！

耐得住寂寞，经得起诱惑，是一个人难能可贵的风范，是专注于个人追求的体现。耐得住寂寞，经得起诱惑是人生中最为难能可贵的精神之一，它如同生活中的喜怒哀乐一般，时时刻刻都伴随着我们。

记者曾经采访数十年如一日潜心研究和改进变电站设备的韩龙吉，问他："你天天钻在屋子里没日没夜地捣鼓，不觉得寂寞和无聊吗？"韩龙吉则这么回答道："寂寞，什么叫寂寞？我还真不知道，我觉得钻研这些东西挺有意思。如果真有寂寞的话，那寂寞恐怕也能开花吧！作为一线操作工人，我也希望能出人头地，希望自己能技高一筹，赢得公司、上司和同事的认可与掌声。但问题是，在鲜花与掌声的背后，你是否有更为刻苦努力的准备，有没有耐得住寂寞的毅力，有没有经得起诱惑的定力，有没有踏实肯干的决心。"

台湾著名作家刘墉曾经说："年轻人在实现自己的梦想之前，都要经过一段'潜水艇'式的生活，无短暂隐形，找寻目标，耐得住寂寞，积蓄能量，日后方能毫无所惧，成功地'浮出水面'。"一个胸无大志的人，是不能够耐得住寂寞的，他们经常会被外界的花花绿绿的世界所干扰，最终在朝三暮四的动摇与徘徊之中浪费自己的大好时光。如果你有开创事业的远大志向，能够在浮躁的环境之中静下心来，踏实地走好每一步，坚守住寂寞，耐得住寂寞，坚守自己的梦想，那么，一定能获得辉煌的业绩与成就。

有一位养蚌之人，有一个梦想，那就是要培育出世界上最美最大的珍珠。于是，他一大早起来就会到沙滩上面去挑选沙粒。他总是会附下身体，耐心、仔细地询问一颗颗沙粒，问它们是否愿意变成一颗颗美丽的珍珠，然而那些沙粒都摇头说，那是一个痛苦的过程，我们才不愿意呢！

养蚌之人不停地寻找，直到黄昏傍晚，他快要绝望之时，终于有一颗沙粒答应了他。在旁边的那些沙粒都嘲笑那颗沙粒，说它简直就是个大傻瓜，就是弱智，去蚌壳里住，深藏海底很多年，远离亲人朋友不说，还见不到阳光雨露，无法享受到明月清风，而且还缺乏空气，只能够与黑暗、潮湿、寒冷和孤寂为伍，实在是很不值得。

可是，那颗"弱智"的沙粒还是无怨无悔地被养蚌人带走了。

几年过去了，经过痛苦的过程，忍受了难耐的寂寞之后，那颗沙粒终于成长为一颗晶莹剔透、价值连城的珍珠，它开始整日周游列国，让人们对它投去赞叹的眼光，赢得了无比的荣耀和尊重。而那些曾经嘲笑它的那些伙伴们，却依旧是一堆沙粒，有的已经风化成土，被人们永远地踩在脚下。

执著地坚持你的梦想，当经历了黑暗与痛苦的长长的隧道后，你就会惊讶地发现，原本平凡如沙粒的你，在不知不觉中已成为了一颗璀璨耀眼的珍珠。

人生是一段自我修练与磨砺的过程，当你发觉了自己生命与工作的意义，找到了属于自己的人生奋斗方向，就应该耐得住寂寞，经得起诱惑，驱除掉浮躁，扛得起挫折，执著地追求，永不放弃自己的梦想与努力，终会成就一番大事业，进而抒写华丽的乐章。

现代社会高速发展，越来越多的人变得浮躁难耐，无法沉下心来，很多人都急于求成地想成功，希望自己能够一蹴而就，希望能够快速地通向成功，希望能找到通往成功的捷径。唯有修炼一种执著的心态，才能够冷静地思考人生的方向，才能够积蓄所有的能量，才能获得更多的成功的机会。

06．学会换位思考，
能时刻站在对方的位置上考虑问题

对于初入社会的年轻人来说，换位思考也是你需要苦练的一种本事。换位思考，即能时刻站在对方的位置上思考问题，如此一来，你解决问题的速度和结果就会很让人满意和喜欢。

不可否认，当前二十几岁的年轻人多数都是独生子女，在工作和生活中，总难免会以自我为中心，爱站在自己的角度去看别人，却极少从别人的角度去想，顾及对方的感受。这样就难免会造成人际关系的紧张，这对你以后的发展会造成诸多的不便和影响。另外，总爱以自我为中心的人，总是对别人要求得多，动不动就爱苛责别人，很少去反思自我的行为，这种心胸狭窄的行为，也十分不利于其以后的成长和发展。

一位年轻人问智者："我如何才能成为一个能让自己愉快，也能带给别人快乐的人呢？"

"第一是要把自己当成别人！这样当你欣喜若狂时，把自己当成别人，那些狂喜也会变得平和一些！"智者接着说："把别人当成自己！这样就可以真正同情别人的不幸，理解别人的需要，而且在别人需要帮助的时候给予最恰当的帮助。最后一句，把别人当成别人，即要充分尊重每个人的独立性，在任何情形下都不要侵犯他人的核心领地。"

这个对话提示了人对自己的认识过程，是一个从自我本位向他人本位转移的过程，而且实现这一过程需要的条件就是换位思考。其实，所谓的换位思考，就是从对方的立场和角度去考虑问题。在现实生活中，需要我们换位思考的问题比比皆是，家长与老师、老师与学生、批评者与被批评者、上级与下级、干部与群众等等。如果你凡事都能换位思考，站在他人的位置上考虑问题、处理事情、解决矛盾，那么，你与他人之间便会多一份和谐，你的人缘也会变得好一些，这将是你以后人生的一笔不可估量的财富。

所以，对于年轻人来说，无论你是穷困潦倒，还是春风得意，我们时刻都不要忘了换位思考，想想别人，反思自己。只有这样，我们才能够用理解和宽容去对待身边的每一个人，包括你的亲人、朋友、同事、客户等，这样才能把敌人变成朋友，把朋友变成手足，这些人在不远的将来，都会为你的人生创造巨大的效益。

另外，一个人要想在商场上大显身手，顺风顺水，也必须要树立"换位思考"的观点。也就是说，如果我们能够从每一个人的切身利益考虑，让利润出面调动他人，就能使生意向着有利于自己的方向进展。

吉尔·博尔特是德国一家洗涤产品的创始人和大老板，是世界最大的洗涤产品制造商之一，产品畅销全球。在现实生活中，吉尔·博尔特其实是一个平和而普通的人，是一个的体贴的丈夫和慈爱的父亲。但令人出乎意料的是，就是这样一个世界集团总公司的总裁，每天必须干的一件事，就是亲自管理他的 twitter 账户，并且对当下的一切社交网络工具了如指掌。他说这个世界已经变了，有了互联网之后，产品的信誉建立在 word of mouth 之上，任何人都可以提出表扬，也可以提出批评，这些将迅速影响品牌形象。

他说，批评其实比表扬重要得多，他经常在 twitter 上看到负面的评论，这时候该怎么做？绝对不能删那些评论！把他们大大方方地摆在那儿，私下回复给那个人，和他交换意见，虚心接受，沟通解决方案，这是唯一将负面评价转换为正面的最有效方法。吉尔·博尔特说这个的时候，虽然是从商业的角度出发，但是了解 branding 的人都知道，每一个品牌的形象都像一个人，而每个人都象征着自己的品牌形象。而不懂得这样做不是由智商决定的，而是情商，唯有了解他人，角色互换地去思考，才能一点点地征服别人，取得信任，赢得属于自己的成功。

可见，敢于正视别人的批评、不屑，同时，又能从别人的角度出发，设身处地地为对方着想，是高情商的重要表现之一，拥有这种素质的人，最能赢得人的青睐和信赖，也最能处处赢得人心，无论在何时，都能得到他人的帮助、提携和支持，可以说，一个人只要能做到这一点，全世界都会与他为友，那么，他便是无敌的。

北京一家文化公司的老板，希望自己的员工对自己能够忠诚，能长期跟随自己把事业做大。他给员工的工资在当地属于中等偏上，5500 元左右。但他的员工在发薪水时却总与他讨价还价，哪怕是 100 块钱。老板开始看不惯，想不通，觉得员工都太贪心。后来，他站在员工的角度去想，将他们每个月的生活开销列了个账单，通过分析发现，这些员工都是北漂一族，他们的日子过得确实很苦，于是就增加了他们的工资，员工都很感动，觉得老板很体贴下属，于是工作也更卖力了，对公司也更为忠诚。

由此可见，换位思考能达成一个双赢的局面。所以，对于年轻人来说，要更好地体察别人情绪，就要懂得站在对方的角度去考虑，其考虑的因素主要包括对方的年龄、性别、工资、学识、远见、工作性质、出生条件、家庭状况等，否则，换位思考只能停留在嘴上。

其实，换位思考是基本的道德教谕。古往今来，从孔子的"己所不欲，勿施于人"到《马太福音》的"你们愿意别人怎样待你，你们也要怎样待人"，不同地域、不同种族、不同宗教、不同文化的人们，说着大意相同的话。要知道，没有人是一座孤岛，社会是一个利益共同体。我们不能用自己的左手去伤右手，我们是同一棵树上的叶和果。克鲁泡特金在《互助论》中证明：只有互助性强的生物群才能生存，对人类而言，换位思考是互助的前提。换位思考对出版者和发行者来说，就是要与作者、与读者"将心比心"。

作为二十几岁的年轻人，我们的事业才刚刚开始，我们一定要明白一个道理：成人，才能达己。无论面对的竞争对手，还是合作伙伴，我们都应该多站在对方的角度去多多考虑问题，多想想他们在想些什么、想获得什么、在乎什么，然后根据对方的需求，制订自己的计划方案。唯有这样，我们才能够把握主动权、因势利导，为自己打开一扇通往成功的大门。

第五章

....

这 10 年，如何在同行中脱颖而出

01. 别让薪水捆绑自己，积极与业绩"叫板"

你想成为公司里最受关注的焦点吗？你想让经理对你另眼相看吗？那就要付出行动，这不是简单一句话的事，而是要看你以怎样的心态去面对工作，敢不敢不计报酬地与业绩"叫板"，这也是你取得成功的支点。阿基米德说："给我一个支点，我可以撬动地球。"只要你拥有足够好的业绩，何愁撬不动让自己满足的高薪呢？

不满足于现状，梦想成为一个人物，是每个职场人十所孜孜以求的目标。然而，在现实中，很多人不是在寻找成功的支点，而总是在抱怨失败的结果：

"我毕业于名牌大学，在公司混了这么多年，还只是拿着最低层人的薪水，老板简直太黑了！"

"我就是公司的一头老黄牛，吃的是草，产的是奶，什么时候我能够吃的是奶，产的是草就好了。"

"为何我这么努力，老板还不给加薪？"

凡此种种，不一而足。

努力了就一定得给加薪，付出了就一定要得到回报，工作久了就一定会得到升迁，这是多数人的惯性思维。他们的思维仅仅被禁锢在薪水、报酬上面，这样的抱怨，其实也是一种自卑的表现，也是对自我能力不足的心理的焦虑。要知道，企业衡量一个人能力的标准就是你作出了多少业绩，而不是你付出了多少努力。一个人做什么，做多少其实不是最重要的，重要的是你的成果是什么。有句话说：业绩给人重量，报酬给人光彩。多数人只是看到了光彩，而不去称重量。为此，要想获得成就，获得高报酬，就必须要问问自己做出了多少业绩。

衡量你自身价值的是业绩，要获得高报酬，就一定要借助公司这个平台不断地修炼自己的能力，并将能力转化为实实在在的业绩。不要总清高地认为自己有能力、有才华，进入一家企业后，横挑鼻子竖挑眼，总觉得自己大材小用，总想着老板该付给自己更多的薪水，跟老板"叫板"不算本事，有本事，你与业绩叫下板。

张华大学刚毕业的时候，他就看上了一家广告公司，很想加入这个公司。因为这家公司很有实力，有着强大的策划团队和管理理念。张华认为，自己在这家公司工作，能够让自己快速成长起来。

通过面试后，令张华感到意外的是，这家公司竟然开出 1000 元的工资，而且还没有奖金提成，这让许多刚毕业的大学生望而却步。但是张华却选择了坚持，他相信，这家公司可以让他学到很多东西，这些东西能让他终生受用。

加入到这家公司之后，张华全身心地投入到了工作中，勤奋地向老员工虚心学习，抓住每一个提高自己能力的机会。渐渐地，他在这份工作中得到了锻炼，积累了经验，工作技能和工作水平得到了彻底的提高。

三年之后，张华因为在工作中表现突出，得到领导的肯定，而他也因此被提升到了广告总监的位置上，薪水翻了好几倍。

　　张华不计较薪水的高低，把工作看成自身生存和个人发展的平台，尽心尽力地面对工作，积极主动地做好每一件工作，做出了卓越的业绩，最后得到了老板的认可和赏识，获得了高薪工作的机会。

　　由此可见，从心底热爱工作，改变自己对薪水的理解，不要被薪水所局限，而将承担责任、尽职尽责，视为工作的一种快乐和幸福，并在这种负责中感受到自身的价值，最终你将获得薪水和事业的提升。

　　成功学大师卡耐基说："不可过分追逐金钱，金钱本身给你带来不了什么；追逐金钱，会给人一种为了活着而活着的感觉。为活着而活着是一种原始的生活，是文明的现代人所不能容忍的。"薪水固然重要，但它并不是全部，我们的前途是要在职场中去实现自己的价值。虽然说金钱是对我们努力工作的一种肯定，但是这种肯定并不是我们工作的全部。人生是一个不断学习的过程，对于初涉职场的我们来说，就更是如此了。

　　我们最应该做的就是避开薪酬，把目光放得更长远一些，这样，我们才会发现游离于金钱之外更有价值的东西。薪酬是会改变的，而决定薪酬高低的是我们的业绩，我们要学会与业绩"叫板"。

　　正如思科公司前总裁约翰·钱伯斯所说："我们不能把工作看做是为了五斗米折腰的事情，我们必须从工作中获得更多的意义才行。"对于期待事业长远发展的人来说，无论薪水高低，他们都要热爱工作，在工作中都要尽职尽责、力创业绩，这往往是事业成功者与失败者之间的不同之处。

02. 积极表现自己，以抓取晋升机会

　　在职场中，要成事儿，需要多个条件同时具备才行。就像高考录取

是看几个学科的总分，不只看单科分数一样。你想得到领导的认可，除了一方面要全力以赴做出成绩，另一方面也要抓取机会，让公司或上司了解你的业绩、实力、潜力，两者都是不可少的。做能做的事，前者已经具备，在擅长做事的基础上，再增加一些主动性和灵活性，就可以如虎添翼，升职加薪将不再是难事。而如果你只是被动等待，只会让自己失去更多成长和表现的机会，也会因为长期得不到应有的回报而产生挫败心理，丧失工作积极性，这是不利于自己的职业发展的。

小王最近对老板很是失望，自己兢兢业业在公司工作好几年，论技术、能力、业绩、敬业，部门内部好像没有人能强过他。但想不到，老板却把这次晋升主管的机会，给了比他晚来一年的同事小张。小王很生气，认为小张除了会在领导面前善于表现外，没有哪点儿能胜过自己。

小王向朋友抱怨，很想辞职，但是朋友却问他："小张有没有不够资格或者违规提升的地方呢？"小王迟疑了一会儿，倒真也想不出来。朋友就建议小王能够积极主动一点儿，尽快地让老板了解他的能力。就算这次升不上去，只要有能力也能争取到其他的别的什么机会，或者至少不会下次有机会的时候，被老板忽视。

这个建议，让小王很是犯难：主动去表现自己，这怎么能做到呢？对于他来说，这比攻克一道技术难题更为困难。

只有适当抓住机会在领导面前表现一下自己，才能获得发展和晋升的机会。生活中，小王这样的人很多，他们只会埋头做事，勤勤恳恳，不懂得抓住机会，表现自己，能力或本事无法得到认可，默默等待很久仍未改变，最后忍无可忍地辞职，或者抱怨连连，阻碍个人事业发展。

当然了，从被动地等待机会，到主动地抓住机会，你首先要放下一些错误的观念：比如，主动在领导面前表功不好，主动提加薪升职是很没面子的事，跟上司走得太近会招惹是非，等等。其实，只要你有业绩，有真实力，真本事，适当地在领导面前表现一下，并无不妥。

要抓取机会表现自己，除了要有积极主动的心态之外，还要灵活掌握一些技巧，让上司或领导在无形之中认可你，不妨可以试试以下的几种方法：

1. 在小事上表现自己。

每个人都有从一点一滴的小事上评价一个人的习惯，若是你不将小事放在眼里，认为自己的能力根本不屑于发挥在小事情上面，那么一旦别人遇到较棘手的事情时，第一时间也是不会想到你的，因为你对小事的满不在乎会让别人对你感到失望的。

2. 在交谈中表现自己。

交谈可以表现出一个人的修养与学识，在与别人交谈的过程中，若是你的言谈举止能够做到有条不紊、幽默诙谐的话，那么一定会给人留下好的印象。同时，在交谈中也要善于适当地表述一下自己的个人能力，久而久之，你的能力自然能得到全公司人员的认可。

3. 在关键时刻表现自己。

关键时刻最能够考验一个人，所以，在某些重要的场合下，你一定要比平时表现得更为出色，比如作为公司代表在社交场合发言时，知识渊博的你更要发挥出平日积累的学识和言语上的特长，这样你就很容易会脱颖而出，成为众人瞩目的对象了。

4. 在了解对方的基础上表现自己。

想要被他人所需要，你要做的事情就是要投其所好，当你了解对方的喜好、特长、交往习惯的时候，就很容易让对方接受你，你也能够成为他人眼中善解人意且有魅力的人。

5. 在对方看不到的情况下表现自己。

在对方看不到的情况下，也别忘记去表现自己，这样你的"美名"可能会通过其他途径传到对方的耳朵中，会使你受益无穷。比如在工作中，尽管顶头上司没有在办公室里，你也要一如既往地更加卖力地工作，你的表现可能会通过其他途径传到上司的耳朵中，当你的上司需要一个踏实肯干的副手的时候，第一个想到的必然是你。

6. 勇于在突发事件上表现自己。

面对突发性事件，很多人都会因为怕冒风险、怕担责任而不愿意理会，而你若是能在这种时刻勇于表现自己化险为夷的能力，就一定会受到他人的肯定，成为被需要和被重视的对象。

总之，方法很多，需要你灵活变通。要记住：即便你有登天的本事，如果如同茶壶煮饺子一般倒不出来，那么自然就没有了任何被重视的可能了。如果你不想被忽略，不想自己的价值被埋没，那么，就从现在开始赶快行动抓住一切可利用的机会去表现自己吧！

03. 把工作当成自己的事业去奋斗

在任何时候，工作都不是为别人，而是为自己。如果你把你的工作当成工作，基本上一辈子就是做一天和尚撞一天钟了。而如果你把工作当成自己的事业去奋斗，那么你得到的一定比期望的要高得多。

记得石油大王洛克菲勒在给他儿子的信中说了一个故事：

三个石匠在一起雕塑石头，有人问他们："你们在这里做什么？"

第一位石匠回答说："我在雕凿石头，凿完这块石头我就可以回家了。"

第二位石匠回答说："我在雕凿石头，你看我做的雕像，虽然很辛苦，但是却收入颇高。"

第三位石匠手中仍旧拿着工具，热情地回答说："快来看看，我在做一件工艺品。"

106

第一种人是将工作当成惩罚，在他们嘴中说得最多的就是一个"累"字。

第二种人是视工作为负担，他们嘴里说得最多的一句话就是"养家糊口"。

第三种人视工作为一种骄傲，在他们嘴里说得最多的一句话就是"这一定是我做得最好的一件艺术品，我可以做得更好一些!"这种人永远会视工作是一种享受。

不同的心态，造就了不同的结果，成就了不同的人生。如果你赋予工作以实际的意义，那么无论工作大、小，再辛苦，再劳累你也会感到快乐。如果你将工作当成自己的一项事业，那么，你就能够迸发出无尽的热情与活力，自己的潜能也会得到最大程度的发挥。你的每一次进步，都会收获巨大的成就感和满足感，你的一生将会是快乐的一生。

如果你视工作是一份工作，是一种义务，你的人生就会在地狱中度过；如果你视工作为一种事业，一种乐趣，那么你的人生则会在天堂中度过。

亚洲销售女神徐鹤宁，很多人都耳熟能详，她被安东尼罗宾称为"中国的乔吉·拉德"。徐鹤宁之所以能获得现在的成就，就是她时刻能将工作当成自己的事业去奋斗。

当徐鹤宁在安之机构工作的时候，她曾经给自己定下每个月卖出 500 套安之教材的目标。当她的老师陈安之看到鹤宁的目标时，很温婉地说："鹤宁，你的年轻气盛和老师当年一模一样，但是凡事一定要从实际出发啊，你的目标确定不改了吗? 这样的目标连我都不敢设立啊。"鹤宁知道老师的意思，但鹤宁自己知道，这份工作是自己事业的一部分，必须不断"逼"自己去努力，才能打好事业基础。于是，她并没有因为老师的一番话改变自己的目标。

要知道，每个月卖出 500 套教材对很多员工来说真的是比登天还难，但是鹤宁却始终没有放弃过，她一遍遍地告诉自己："我是徐鹤宁，是独一无二的徐鹤宁，我的身体里流的是第一名的血液，我必须要为我未来的事业加油。"就是这样疯狂的目标逼迫着徐鹤宁每天起早贪黑，也是自我激励法支撑着不到 23 岁的徐鹤宁艰难地走在自己通往成功的道路上。

为了完成自己设下的大目标，鹤宁每天都会给自己设定小目标，如果完不成她是不允许自己回家休息的。有一次，她就是因为没有完成目标，垂头丧气地走在马路上，正在她苦思冥想的时候，一辆大奔开了过来，鹤宁想都不想，直接冲上去将其拦下了。车上的老板以为这位小姑娘遇到了麻烦，于是让其先上车，上车后，鹤宁才说明了自己的来意。那位老板就问："那你就不怕我拒绝吗？"这时候鹤宁坦然自若地说："这个工作就是我未来的事业，为了这份事业，我连死都不怕，还怕你拒绝？"就这样，那位老板冲着鹤宁的那股劲儿买下了一套教材。一个月下来，鹤宁完成了自己的目标，这令他的老师都敬佩不已。

徐鹤宁之所以能够获得最后的成绩，就在于她时刻将工作当成自己未来的事业去做，因此在任何时候都充满激情和热情，才会在困难前坚持下去，取得了常人难以企及的成就。

为此，从现在开始，你也要把自己的工作当成自己的事业，只有这样，你才能够端正态度，充满热情地为自己的未来积蓄力量。岂能尽如人意，但求无愧我心，做好自己的本职工作，做最好的自己，才能最终成就我们的事业。

著名作家六六说：你如果打算为养家糊口，为义务去应对你的工作，那你一辈子都只会给别人打工且要过一种暗无天日的生活。你唯一出人头地的原因就在于，你有野心，把工作当成自己的事业去经营，你志不在小。如果不想一辈子都只给别人打工，不想过一辈子暗无天日的生活，那么，就从现在开始，好好做好你手中的工作，将工作当成自己的事业去经营，并立下大志，最终会创造出属于自己的一番天地。

只有视自己的工作为自己的事业，才能让自己去克服任何困难，能不断地去激励自己，时刻充满热情地去面对每一次挑战，从而为自己的人生谱写更加美丽的篇章。

04. 做好计划，做事才更有目的性

凡事预则立，不预则废，这里的"预"说的就是一种预见性、计划性。凡事只有事先做好了计划和准备，才能取得满意的效果，才能依据自己的任务或目标分清轻重缓急，制订出合理而符合实际的计划来，才不至于使自己在行动的时候像一只没头的苍蝇一样。

现实中，多数年轻人都有这样一个误区：制订计划是那些高层管理人员应该做的事情，自己所做的那些不起眼而又细小琐碎的事情根本不值得去做一份计划。同时，他们又会认为，提起"计划"就好像要去做一项多么宏大的工程一般，这样的想法只会让你的梦想荒弃。

没有计划的行事是散漫慵懒的，是很容易在外物的影响下而轻易放弃自己的目标或梦想。在任何时候，都不要认为自己所做的事情是不重要的，所以无需计划。因为计划能让我们感到自己在做事的过程中明显进步，即便有时的进步微乎其微，或者有时可能几天的计划都是一模一样的，但我们仍能从检验自己的执行力中获得多多少少的成就感。许多优秀的成功经验告诉我们，认真地做一份计划不但不会受到约束，还可以让我们把工作做得更好。

比尔·盖茨在送给孙正义的一本书的扉页上这样写道：

与凭借创新科学技术开拓市场的比尔·盖茨不同，孙正义以资本作饵，诱惑全世界疯狂地追逐互联网的新贵。上个世纪末期，他以数百亿美元身价直追全球首富。

1957年8月，孙正义出生于日本佐贺县一个中产阶级家庭。他的祖父从韩国大邱迁到日本九州，先做矿工后务农。父亲靠着卖鱼、养猪、酿酒，慢慢小康起来。

孙正义从小就表现出超常的领导能力，做事具有极强的计划性。行业内的人都知道孙正义"用一年时间赢得一生"的传奇故事。

孙正义在23岁时就花了一年多的时间来证明自己到底需要什么。他把自己想做的40多件事情都罗列出来，而后逐一地去做更为详尽的市场调查报告，并做出了10年的预想损益表、资金周转表与组织结构图。40个项目的资料全部合起来足有10米多高。

然后他列出了25项选择事业的标准，包括该工作是否能使自己全身心投入50年不变、10年内是否至少能成为全日本第一人。

依照这些标准，他给自己的40个项目打分排队，计算机软件批发业务脱颖而出。

用十几米厚的资料做事业选择，目光放在几十年之后，这样的深思熟虑，这样的周密规划，注定了他日后的成功。

凡事只要事先做好了计划，就会少一些犹豫，减少一些所谓的精力浪费，让自己少走弯路，从而在尽可能短的时间内做更多的事情。因为在制订计划的过程中，你可能会想到十分周密的"意外因素"，从而使各种问题或危机在还未发生之前就做好周密的应对计划，将问题或危机化解在萌芽之中。

卡耐基在劝告一位因做事杂乱无章而烦恼不堪的人时说："我们可以把生活想象成为一个沙漏，沙漏的上一半，有成千上万粒的沙子，它们都慢慢地很平均地流过中间那条细缝。除了弄坏沙漏，我们都没有办法让两粒以上的沙子同时通过那条窄缝。你和我和每一个人，都像这个沙漏。每一天早上开始的时候，有成百上千件的工作，让我们觉得一定得在那一天里完成。可是如果我们不按照计划一次做一件，让它们慢慢平均地通过这一天，像沙粒通过沙漏的缝隙一样，那么到头来有可能一件事也没有干成。"

做事有计划，可以使你的目标得以周密的实现。制订计划其实就是一个自我完善的过程，为此，在行事之前，一定要坚持制订计划，并坚信会实现它。同许多其他更为重要的事情一样，执行计划并非是一件简单容易的事情，只要你按部就班地实现了计划中的每一个步骤，就一定会实现你的大目标、大理想。

05. "常胜将军"是在自我挑战中练就的

世界上原本没有常胜将军，只有敢于不断挑战自我的常胜将军。我们生活在一个巨变的时代，没有人告诉你明天世界会变成什么样了，你今天所拥有的学历、才能和地位，明天可能就一文不值。为此，要想跟上时代发展的需求，不被淘汰，就要不断地提升自己的能力。而人也只有在不断挑战困难、挑战自我的过程中，才能使自身能力更快地得以提升。

工作中的每一个"难题"都是对自身能力的一种挑战，这就是竞争。为此，在工作中，面对各种各样的"难题"，我们千万不要说"我没做过这个"、"我怕不能胜任这样的任务"、"这个太难了，还是给别人试一下吧！"等对自己没信心的话。要勇于迎难而上，敢于钻研，克服困难，只要你肯静下心去钻研一番，终能解决问题，到时候，你就会发现自己的能力提升了一大截。

事实上，我们每个人的身上都蕴涵着极大的潜能。勇于向不可能的任务挑战，有利于我们不断打破内心的自我限制，充分发挥出自我潜能，从根本上提高自身的能力。

在美国，有个专门培养世界杰出推销员的布鲁金学会，学会中有个传统，在每期学员毕业时，设计一道最能体现销售员实力的实习题，让学员去完成。克林顿当政期间，该学会推出一个题目：请把一条三角裤推销给现任总统。在之后的 8 年里，曾有无数的学员为此绞尽脑汁，但最后都无功而返，克林顿卸任后，该学会把题目换成：请把一把斧子推销给布什总统。

因为一直都没有学生完成这项作业，布鲁金斯学会就许诺，如果谁能做到，就会赠予对方上面刻有"最伟大的推销员"的金靴子。许多学员对此毫无信心，甚至认为，现在的总统什么都不缺，再说即使缺少，也用不着他们自己去购买，把斧子推销给总统是不可能的事。然而，有一个叫乔治·赫伯特的推销员却做到了。这个推销员对自己充满了信心，并认为把斧子推销给小布什总统是完全有可能的，因为布什总统在得克萨斯州有一个农场，里面长着许多树。

信心十足的乔治·赫伯特给小布什写了一封信，信中说：有一次，有幸参观了您的农场，发现种着许多矢菊树，有些已经死掉，木质已变得松软。我想，您一定需要一把小斧子，但是从您现在的体质来看，小斧子显然太轻，因此你需要一把不甚锋利的老斧子，现在我这儿正好有一把，它是我祖父留给我的，很适合砍伐枯树……几天后，乔治·赫伯特收到了布什总统买斧子的汇款，并获得了刻有"最伟大的推销员"的一只金靴子。

自从将这个"难题"攻克下来之后，乔治·赫伯特获得了巨大的自信心，他总觉得自己能把一把斧头推销给总统，应该不会再有推销不出去的产品了。自此之后，他不断地鼓励自己克服种种困难，不断地挑战自我，取得了极好的销售业绩，成为美国最为著名的推销员之一。

只有迎难而上，敢于挑战自我的人，才能不断地增加自身的价值、提升自身的能力。所以，在很多时候，我们不防多去尝试一下困难，多挑战一下自己的极限。也许在你看来很难实现，但如果不去尝试，又怎么会知道行与不行。

工作中，我们要学习的东西太多，只有大胆地去挑战自己，才能快速地让自己占据竞争的至高点。

社会在进步，知识在更新，如果你们不及时更新自身的知识，就会被淘汰。勇敢大胆地去估一些自己能力以外的事情，就能得到意外的收获。很多时候，不是上天不给你机会，而是自己不给自己机会，总认为自己的能力有限，实则是自己把自己给禁锢起来了。为此，我们一定要相信自己，多给自己一次机会挑战一下自己，每前进一步都是一种更新。如果你不思进取，墨守成规，没有及时突破，这样就随时有可能被社会或市场淘汰掉。

当然了，"挑战自我"不单单是指去主动解决难题，还要求你用创造性的思维去看待任何问题，想别人没有想到的，做别人不曾做到的。只要这样努力地去做，你的价值会翻倍上增。学会挑战自己能力的极限，挑战自己不仅会让自己拥有更多的薪水，更重要的，这是让你突破平庸，发掘自身才能的重要机会，更是引起领导或老板注意的良机。

06. 勇于创新，创造一个业绩奇迹

在工作中，成功都是有阶段性的。要想持续地将成功进行到底，要笑到最后，就必须要时刻求变、时刻总结，即要拥有创新精神。只有勇于创新，才能不断地创造业绩上的"奇迹"，才能推动自己，推动一个组织不断向前进。

美国著名的企业家哈默说："天下没有坏买卖，只有蹩脚的买卖人。"工作中能够创造出多少价值，做出多少业绩，关键要看你愿意融入多少智慧。创新是一项极为重要的智慧，要想创造更多的业绩奇迹，就要多主动去观察，开动自己的新思路、新思维，在用全新的视觉去思考当前的问题，这是让自己脱颖而出、获得至高价值的重要捷径。

杰克是一家珠宝公司的设计师，主要设计戒指。他很明白，要想让自己的产品在市场上足够抢眼，就必须要打造自己的特色。

杰克想到，象征着爱情的首饰多数以心形构图，这已经受到广大消费者的认可和接受。为此，他依旧沿用此传统，不过，他的设计却不同于一般的设计，而是将宝石雕成两颗心互相拥抱状，以此表现出"心心相连"的浪漫。接着，为了表现爱情的纯洁，他又用白金穗铸成两朵花托住宝石。

这个创意，令所有人都很满意。

不过，杰克却还没有满足，他在两个白金穗中，又设计出了一个男婴和一个女婴。女婴手里，牵着挂在宝石上的银丝线，以此来祝福新郎新娘未来美满幸福的家庭。那条男女婴儿牵的银丝线更是独具特色，那条银丝线上有很多手工镂刻出的皱纹，皱纹的数目能够随意增减。这个设计，杰克是为了方便购买者，让他们可以利用皱纹来做记号，比如男女双方的生日、订婚日期、结婚年龄及其他私人秘密。

杰克的创意设计，令这款戒指非常受欢迎，几乎每对新婚夫妇都会对它赞不绝口。就这样，杰克公司的生意越来越兴隆，他的产品很快成为市场的亮点。这个别具匠新的创意为他掘到第一桶金之后，他并没有停步，而是不断地总结，求变，探索新的生产工艺。经过不断努力，他又发明了镶嵌戒指的"内锁法"。

一天，一位富商慕名而来，他拿出一颗硕大的漂亮蓝宝石，要杰克镶嵌出一个与众不同的戒指，并且最好能使蓝宝石得到很好的体现，商人想将这枚特殊的戒指送给自己的女友。

杰克明白，这个图案在设计上并没有什么惊人的举动，而是在宝石的镶嵌方式上进行了创新。他用金属将宝石包托起来，这样宝石有近一半被遮盖，而商人的要求就是尽量体现出宝石来。这个创意被富商认可了之后，杰克再次名气远扬了。

这种内锁法一经上市，立刻得到了消费者的喜爱。这一项发明很快便获得了专利，珠宝商们竞相购买，杰克赚到了一笔可观的技术转让费。

后来，杰克又发明了一种"联钻镶嵌法"，采用这种方法将两块宝石合二为一做成的首饰，能够使一克拉的钻石看来像二克拉那样大。这种轰动效应，使人们到处抢购这种戒指，而珠宝商们也纷纷争相抢购这项专利。

就这样，利用自己聪明的头脑与大胆的设想，杰克最终成为"钻石大王"。

杰克之所以能够令自己的戒指大卖，达到了凝聚财富、取得成功的目的，其中的奥秘就是创新意识的表现，这就是创新的力量。拥有了创新的思维，可以让看似难以逾越的困难迎刃而解，可以让看似难以完成的工作顺利进行。

《创新的挑战》一书中，戴维·赫西曾写道："创新是工作中的新思想，它可能是一个流程的简单的改变，也可能是复杂的全新市场的进入。"创新是灵魂，它能指引我们向着成功不断迈进。

在今天这个特立独行的世界中，每个人都崇尚个性，都在追求与众不同，因此，标新立异更是符合了这个时代的潮流。精明的你只要能抓住这一点，就一定能创造出一定的业绩，开拓一条新的财富之路。

然而，在现实中，很多人总认为创新是一件很难的事情，其实，创新并不像我们想象的那么困难，你只需每天改变一点点，每天进步一点点，及时总结自己工作上的失败得失，哪些需要继续保持，哪些需要及时调整，哪些需要重点开拓，哪些需要重新规划。经过日积月累，你可能就会有脱胎换骨的大变化。

07. 把最简单的事情做好就是不简单

"什么叫做不简单？能够把简单的事情天天做好，就是不简单；什么叫做不容易？大家公认的、非常容易的事情。非常认真地做好它，就是不容易。"这是海尔集团总裁张瑞敏的一些精彩语录，仔细去揣摩，这句话蕴含着深刻的道理。能把简单的事情做好，需要的仅仅是毅力，能把复杂的事情做得很简单，绝对是天才！

所谓的高手，就是能够将重复的、简单的日常的工作做精细、做专业，并恒久地坚持下去。中电科技总裁穆世强说："评价一个人能力的强和弱，不能仅以一次举起200斤的杠铃来衡量，如果下定决心，很多人都可以做到。但是，要将一件简单的事坚持不懈、始终如一地做好就不易了！比如拿一根绣花针，没有人办不到，但是如果要求你以一个姿势拿着，走上几公里或者保持几个小时，有几个人可以做到？"最优秀的人是想方设法完成任务的人，最优秀的人是不达到目的誓不罢休的人，最优秀的人是"为了一个简单而坚定的想法，不断地重复，最终使之成为现实"的人。

一天，城中最大的演讲堂中座无虚席，一位著名的推销大师要在这里做告别自己职业生涯的演讲。大幕拉开的时候，舞台上搭着一个十分高大的铁架，铁架上面支着一个巨大的铁球。

推销大师告诉大家，今天的目标就是用这个铁锤去敲打那个吊着的铁球，直到它荡起来为止，所有的人都可以参加。

很多年轻人自告奋勇拿起铁锤，拉开了架势，抡起大锤，奋力地向那个吊着的铁球砸过去，发出了震耳的响声，而那个吊球仍旧没有动。接下来，一个年轻人就用大铁锤接二连三地砸向吊球，很快就气喘吁吁，铁球仍旧没动一下。另一个人也不甘示弱，把那个大铁锤敲得叮当响，但铁球仍旧纹丝不动。

台下立即平静了下来，观众好像认定那是没用的，就等推销大师做解释。

然而，推销大师的举动让在场所有的人都十分不解：他从口袋中掏出一个小锤，然后认真地对铁球"咚"敲了一下，然后停顿一下，再一次用小锤"咚"敲了一下。人们都奇怪地看着，老人就那样"咚"地敲一下，然后再停顿一下，就这样持续不断地做。

10分钟过去了，20分钟过去了，会场早已开始骚动。推销大师仍然用小锤不停地工作着，他好像根本没有听见人们在喊叫什么。

推销大师就这样做着，忽然一位听讲者尖叫一声："球动了！"会场立即鸦雀无声，人们聚精会神地看着那个铁球。那个铁球以很小的摆度动了起来，不仔细看很难察觉。老人仍旧一小锤一小锤地敲着，吊球在一锤一锤的敲打中越荡越高，它的巨大威力强烈地震撼着在场的每一个人。

老人开口讲话了，他只说了一句话："我成功的秘诀就是简单的事情重复做、认真做，以百倍的恒心和耐心等待着成功的到来。"

成功，就是简单的事情重复做，要成功其实不难，只要重复简单的事情，养成习惯，"一旦你产生了一个简单而坚定的想法，只要你不停地重复它，终会使之变成现实。"

把一件简单的事情重复做，认真做，就是一种卓越！一件事情的结果，取决于你采取了什么样的行动，你的行动取决于你的思维。人的任何改变首先取决于思维，正确的思维主宰着行动与结果。

有位年轻人在一家制丝厂工作，制丝是流水线作业，每一个链条出了问题就会影响到整个工艺。一个岗位一个人，一个萝卜一个坑，每天面对的都是相同的工作，单调而又枯燥，平凡而又简单，但是他知道，只要忍受枯燥，把平凡的事情一千遍，一万遍做好就是不平凡。几年来，因为他所在的工序犯的错误最少，他被提拔为生产部门主管。

所以，要想让人刮目相看，要想引人注目，那就请从现在开始做好你手中最平凡、最细小的工作吧，哪怕这个工作不需要什么技巧与能力，也要持之以恒，少出差错，最终，你会发现成功一直在前方向你招手。

08. 多加一盎司，责任引领卓越

火再加一把，热水就会沸腾；杆再起一点点，记录就会刷新。成功不是最好，而是更好，比别人多做一点点，负担起比别人多一点的工作责任，就意味着你要告别平庸，迈向人生的辉煌了。

那些最知名、最出类拔萃的人与其他人的区别在哪里？其实，他们就是比别人多做了一点点，比别人多做了一盎司。事实上，谁能使自己多加一盎司，坚持比别人多做点点，谁就能得到丁倍的回报。盎司原本是英美制重量单位，一盎司只相当于1/16磅。国外著名投资专家约翰·坦普尔顿在实践中通过大量的观察和研究，得出了"一盎司定律"，即某些人之所以取得了突出成就，仅仅因为比别人多做了一盎司。

杰端和雷丝同是一家菜店的伙计，原本他们拿着同样的薪水。但是一段时间之后，杰端青云直上，又是升职又是加薪，而雷丝却仍在原地踏步，甚至面临被裁的危险。雷丝觉得自己每天都将工作做得很好，很不满意老板如此对待自己，便到老板那儿发牢骚了。

老板耐心地听完雷丝的抱怨，沉默了一会，说道："你现在到集市上去一下，看看有什么卖的？"

一会儿工夫，雷丝便从集市上回来了，他汇报道："集市上只有一个老头拉着一车白菜在卖。"

"有多少斤白菜？"老板问道。

见雷丝摇摇头，老板又问："价格呢？"

"您只是让我去看看有卖什么，又没有叫我打听别的。"雷丝委屈地申明。

"好吧，"老板接着说，"现在你到里屋去，别出声，看看杰端怎么说。"于是老板把杰瑞叫来，吩咐他去集市上看看有卖什么的。

很快，杰端就从集市上回来了，他一口气向老板汇报说："今天集市上只有一个老头在卖白菜，目前共200斤，价格是六毛一斤。我看了一下，这些白菜质量不错，价格也低，我猜想您估计会喜欢，所以我把那个人带来了，他现在正在外面等您回话呢。"

此时，老板叫出雷丝，语重心长地说："现在你知道为什么杰端的薪水比你高了吧？"雷丝无语。

英国首相温斯顿·丘吉尔说："一个人之所以伟大，是因为他承受了比别人更多的责任"。如果事业舞台是一个圆的话，那么责任心便是这个圆的半径，是事业的核心部分。责任心越强，承担的责任越大，那么事业就做得越大。

很多人成功的秘诀就在于比别人多做了"一点点而已"！

16岁的玛瑞是一家脚踏车店的小学徒，他每次在为车主修好车之后，都会把车子擦得漂亮如新。其他的学徒就笑他说："前来修车的人只付给了你修车的钱，你擦车子又没有任何报酬，何必要做无用功呢？"然而，玛瑞并不理会，始终坚持帮车主擦车。久而久之，他的服务得到了更多车主的认可和赞扬。

有一次，他又为一位车主修好车并擦拭干净之后，就被一家公司挖走了，车主是一家大型修理厂的老板。从此，玛瑞就有了一份更好的工作，工资也翻了一倍。而同他一同进店的伙计，仍旧在原来的小店铺干着又脏又累的活，拿着微薄的工资。

玛瑞的经历告诉我们：要想能够挣到钱、增加收入并被人赏识其实很简单，只要比别人多一点点责任心和决心，多付出一点点劳动，多做一点点就可以了。

要知道，工作每天都在给你选择的机会，每天都在给你改变自己人生的机会，你可以选择无所事事，疲于应付，也可以选择专心致志，迎难而上。当然这些选择的结果不能够立竿见影，是需要长时间的积累。就像农民可以选择经常去浇地，也可以选择坐以等待。诚然，他今天浇水下去禾苗不见得今天马上就能长出来，但是常常浇水，大部分禾苗终究是会长出来的，而如果他不浇，收成就一定会很糟糕。所以，从现在开始，就开始学着热爱你的工作吧，坚持"多加1盎司"，每天多给客户打一个电话，多做一点额外的工作，经过日积月累后，你就会发现，你得到的远远比付出的要多。同时，工作中，也要经常这样问自己："我已经竭尽全力了吗？或许我还有一盎司可加？或许我还可以坚持比别人多做一点点？"经常这样，你将叉益匪浅，卓越和成功迟早会主动找上门来。

09. 时刻对工作持"空杯心态"

"空杯心态"是心理学中的一种心态，是说一个人要想把事情做到最好，要先把自己想象成"一个空着的杯子"，随时从零开始，而不是骄傲自满。"空杯心态"并不是一味地否定过去，而是怀着否定或者说放空过去的一种态度，去融入新的环境，对待新的工作和接纳新的事物，这样才能让自己不断地进步，向新的高峰不断攀登。

德西是一个刚参加工作不久的年轻人，由于缺乏工作经验，而经常受到上司的批评。为此，他每天都垂头丧气的，内心极其郁闷。后来，他找到一位著名的企业家，向他请教有关成功的秘诀。

企业家先是让德西介绍一下自己，德西把自己当前的不如意以及困境都说了出来。听了德西的话，看着他郁闷的表情，企业家并没有说什么，而是微笑着随手拿起一个装满茶水的杯子，放在德西面前。然后自己又从旁边提来一壶茶，慢慢地往玻璃杯中倒。就这样一直倒着，直到溢出的茶沿着杯壁流到了地上。但企业家好像还没有停止的意思，直到德西惊讶地喊出来："您别倒了，再倒就都浪费了！"

终于，企业家将茶壶不紧不慢地收回，说道："你的话正是我想说的。这杯茶和我想教给你的东西是一样的——都是浪费。你已经像这个杯子一样装满了忧愁和烦恼，已经容不下其他东西了。你还是先把你内心的一些消极的思想舍弃后，再来找我装其他的东西吧！"

听罢，德西终于明白了企业家的真实意思，从此不再怨天尤人，调整了心态，顿时觉得自己做的工作原来是十分有意义的。不久后，他被升任为部门经理。

德西正是及时更新了自己的心态，才发现工作并不如自己想象的那样枯燥，最终取得了成功。有一位作家曾经说过：郁闷，是暂时的状态，却是永久的束缚。一个人只有及时走出郁闷和烦躁，随时以全新的面貌和心态去对待工作和生活中的事情，才能摆脱种种束缚，才能不断迈步向前。

拥有空杯心态，随时从零开始，其实就是一种虚怀若谷的精神。有了这种精神，一个人才能在人生的道路上越走越远。如果你一味沉浸于以往的成功、荣誉、辉煌、掌声或成绩中，就难免会迷失自我。同样的道理，如果你太过于在意昔日的失败、无能、平庸或污点的话，只会使自己裹足不前。

现实生活中，常怀归零心，才能够接受更新的思想。蛇类每年都要蜕皮才能成长，蟹只有脱去原有的外壳，才能换来更坚固的保障。如果不勇于舍弃过去的成就，以谦虚的心态面对你的工作，那么，你就永远无法成长和进步。

空杯心态也是在告诉我们，在任何时候都不要不把自己当回事，永远从现在开始，进行全面的超越！当"归零"成为一种常态，一种延续，一种时刻要做的事情的时候，你也就离成功不远了。

大海之所以能够容得下那么多的水，是因为它总是把自己放得很低，无数的细流才会汇入。工作中，我们要时刻以空杯的心态去学习，不要被骄傲冲昏了头脑，虚心求学、谦虚求教，总是抱着这样的心态，你将会收获到意想不到的成功。

有一个年轻人非常喜欢丹青，于是跋山涉水，历尽千辛万苦寻找能够教自己的老师，但是结果却不如人意，他始终没有找到令自己满意的老师。

无奈之下，这位年轻人来到了一位智者的面前，将自己的苦闷说了出来。

智者听了年轻人的叙说，笑了笑说："难道你在这么多年的时间里，真的没有碰到一个能够给予自己知识的老师吗？""是啊，我感觉那些人都是徒有虚名，我千里迢迢找到他们，也看了他们的画，但我感觉他们的画技还不如我呢。"年轻人有点失落又有点高傲地说。

智者点了点头，说道："我虽然不懂丹青，但是生平也喜欢收藏字画。既然你的画技这么高超，你可否为我留下一幅古朴茶具的墨宝？"这时候年轻人说："这还不简单吗？笔墨伺候吧！"

说着，年轻人卷起了袖管，寥寥数笔就画出了一个茶壶和一个茶杯，茶壶是倾斜的，里面正有水从茶壶嘴徐徐流出，流到杯子里面。待这幅画完成后，年轻人长舒一口气说道："您对这幅画满意吗？"

这时候，智者说："你画得确实很好，但是我感觉应该将茶杯放在茶壶的上面。"

年轻人顿时打断智者的话："那怎么行啊，哪里有将茶杯放在茶壶上面来倒水的？"

智者淡淡一笑："其实你也懂这个道理，要想将水倒进茶杯里面，就必须将茶杯放在茶壶的下方。你再想想自己？你想让自己的杯子里面注入丹青高手的香茗，但又将杯子放在茶壶的上方，香茗怎么可能注入你的杯子里呢？年轻人啊，要想吸纳别人身上的智慧，首先要将自己放低，否则你是永远不可能达到自己的目的的。"

听了智者的话，年轻人沉思片刻，终于恍然大悟，谢过智者，便轻松愉快地离开了。

这个故事告诉我们这样一个道理：每个人都可能是一个茶杯，也可能是一个茶壶。做茶的时候，也只有肯将自己的位置放低，虚心好学，这样才能够装进别人的东西；做茶壶的时候，就要向下全力倾斜自己，毫不保留地倾其所有，这样才能将自己的东西倒给别人。一个人，永远要虚心好学，这样才能够扩大自己的容量，装进更多的东西。

你所有的成功或失败永远只能代表过去，一个人若是长久沉迷于以往的回忆中，那他就再也不会进步。对于有远大志向的追求者来说，成功永远在下一次。保持"归零"心态，才能不断发展创造新的辉煌。

10. 要以"小鸟"为起步，以"老鹰"为目标

要想实现自己的大理想，就要以小鸟为起步，以老鹰为目标。当然，从平凡的小鸟做起，并不意味着要成为一个懦弱或者胆小的人，而是要以低调的姿态和诚恳的态度去面对你的工作，积极向上，敢于吃苦、肯干，并以老鹰为目标，合理地规划自己的职业生涯或发展生涯，朝着自己的大目标永不放弃地奋斗，逐步成就一番大事业。

在旁人眼中，无论你做的工作有多平凡、多低贱，但是你一定要清楚自己在做什么，你做这项工作的价值是什么，能够得到多少收获，客观地去衡量，是否有利于自身大目标的实现，这是你必须要考虑的。

以小鸟为起步，以老鹰为目标，其实也是告诉你要好好地控制自己不能锋芒毕露，不要刻意在老板或者同事面前炫耀自己，展示自己的才能，相信"是金子总是会发光"的。要明白，有实力的人早晚会被重用。从平凡的小鸟做起，从最本职的工作做起，一步步地展现自己的实力，沉着地应对职场风云、应对各种尔虞我诈等等复杂的人际关系，才是最为高明的个人发展之道。

无可否认，每个人都想成为老鹰，但事实是，在高手如云、人才辈出的今天，真正能出人头地的人少之又少。尤其在职场中，只有以小鸟起步，做好自己的本职工作，不要将过多的精力放在与他人纷争之上，他人也不会将矛头指向自己，有了踏实的安全感，才能稳步地发展自己，增加自己的才能，等到羽翼丰满的那一天，就可以自由地飞翔了。

你能成为一只老鹰还是小鸟，在很大程度上都是由个性决定的，有些人胸怀大志，个性张扬，在做事的时候太过高调，一旦有了成绩就希

望全世界的人都能看到，锋芒毕露，这样只会成为众矢之的，断送自己的职业前程。

刘飞毕业于北京某所科学院，今年刚到一家科技公司上班。刚进新单位，他就发现自己周围的同事大都是40多岁的中年人，经验虽然比他丰富，但是头脑却没他那么灵活，对电脑也都不太精通。刘飞很高兴，认为自己以后可以在单位中大展拳脚了。于是，他就开始在自己的单位中卖弄起自己的聪明来。

"哎呀！电脑怎么能这么用呢？""这方面你得听我的，这方面可是我的强项呀！"等，办公室里经常只能听到他在指手画脚，口沫横飞。

有一次，领导叫他到另外一个单位去帮助解决电脑程序上的问题。接待他的是一位中层领导。他热情地让刘飞到他的办公室中，并泡上一壶好茶，说："你来了就太好了，我们这里有一台电脑不知道怎么了，每次打开不到十分钟就死机了，麻烦你给看看吧！"

刘飞就慢吞吞地说："没事，电脑方面我最在行，我还没遇到过我解决不了的问题呢！"喝完了茶他就去查修那台电脑。不到五分钟就修好了。

那位中层领导很高兴，连连称赞刘飞有能力。当时刘飞就有些飘飘然了，说："其实电脑没有什么问题，主要是用这台电脑的人太笨了，他把一个程序设置成后台运行了，这个程序要占用大量的内存，如果再打开其他的程序，电脑就反应不过来了，不死机才怪呢。"

那个中层领导听了刘飞的话，脸色立刻就变得难堪起来，稍后就对刘飞带搭不理了。刘飞没注意到对方脸色的变化，就一直在那里吹嘘自己如何高明。

然而过了一段时间后，刘飞突然就被他所在的单位辞退了，主要是他太过高调，从来不顾及其他同事的感受。

故事中的刘飞因为太过高调，那些已经成长的"老鹰"们看到自然会不舒服，最终将他当成箭靶子，小事都成就不了，如何成就一番大事呢？为此，要以小鸟为起步，还要拥有随和的个性，遇到超出自己能力以外的事情的时候，不要产生抵触情绪，秉承小鸟乖巧的习惯，尽量避免让自己深陷纷争之中，这样才能成就大事。

以小鸟为起步，就是告诉我们：在做事的时候，要以融入群体或团队为第一要务，想给领导留下有才能的好印象固然是好的，但是，切勿不要锋芒毕露，不要让其他同事觉得你是一个能威胁到自己生存的危险人物。做沉默的老黄牛是我们不提倡的，但是强出头的小鸟则一定会被射中。

为此，要想在团队中出人头地，就一定要做一只具备老鹰能力的平凡的小鸟，在平时收起所有的锋芒，用最轻松、最为自然的状态与周围的人与事和谐相处。在风雨来临的时候，有足够的能力去面对风雨的袭击，再以老鹰的能力承担起应该负的责任。再以小鸟的人脉给自己在圈内营造良好的口碑，用老鹰的力量去应对那些小人，这样以坚定沉稳的步伐，就一定能够平稳地成就一番大事业。

第六章

这 10 年，你需要练就的几种 "软实力"

01. 撕开性格缺陷，并且勇于正视它

每个人的性格都是一个复杂的综合体，比如一个性格沉稳的人，在遇到重大事件的时候，也会急躁；一个性格敏感的人，也会具有谨慎的性格。而且同一种性格在不同的环境中，所产生的效果也是不同的。比如说，一个敢于冒险的人，在创业初期往往能够抓住别人无法攫取的机会，但是到创业中期，却会因为太过于冒险而深陷泥潭之中不能自拔。所以，在不同的人生奋斗阶段，或者在对不同的环境中，我们都冷静分析，要敢于撕开自身性格中的某些缺陷，并且正视它，这样才能让自己少走些弯路。否则，你可能会因为性格中的某些缺陷，而使你一败涂地。

史玉柱可谓是 20 世纪 90 年代中国商界叱咤风云的人物，他在创业初期的成功主要源于他有敢于冒险的性格。

1991 年，他与别人合资成立了巨人新技术公司，1992 年的时候，他又将公司迁入了珠海，成立了巨人高科技集团公司，注册资金达到了

1.19 亿元。

在一年内就成为百万富翁的史玉柱，两年之后就成为了千万富翁，三年后又成为亿万富翁。因为他大胆，敢于冒险，巨人集团在他的领导下创造了年增长 30％ 的经济奇迹，资产总额极快地飙升到 10 亿元。在 1994 年的时候，史玉柱当选为"中国十大改革风云人物"。

从此之后，史玉柱又做出了一个大胆的决定，他决意在美丽的珠海盖一栋自己的大厦来。可是，在与总理握手之后，他内心对成功的极度狂热，他敢于冒险的性格这一次却把他推入了万丈深渊。他将原本 18 层的房子忽然间拔高到 70 层，这座涉及资金 12 亿的巨人大厦，未向银行申请贷款，全凭自有资金和卖楼花的钱来支持的情况下，巨人集团受到了重创，成为一个名存实亡的空壳企业！因为资金周转不灵，恶债缠身，并以此为导火索，使企业从此一蹶不振。

史玉柱是商界少有的奇才，在创业初期，他的冒险精神成就了他的大业，但是同时也为他以后的人生理下了伏笔。他的成功与失败告诉我们，在不同的人生奋斗时期，在不同的环境之下，只有冷静地分析和认清自己性格中的某种劣势，并且敢于正视它，才能避免少走弯路。

每个人的性格中都是有缺陷的，这个世界上，十全十美的人是并不存在的。很多人在面对自己的性格缺陷时，总是想方设法去掩盖，生怕受到别人的羞辱或者笑话。殊不知，这样是虚伪的表现，最终只会害人害己！

已经是凌晨 2 点多钟了，刘海房间的灯依旧亮着，她正坐在书房里忙碌着复习，神色有些憔悴。这种状态已经持续了两个月了，在这段时间里，他的脑子里总重复着：学习，考试。之所以如此紧张，勤奋，主要是因为他的成人英语资格证已经考了四次都没有通过了，这个月要考第五次了。

其实，刘海做的是人力资源工作，平时工作表现也很出色，工作中根本用不到英语，但是，因为大学的时候没有通过英语等级考试，所以，一直很不甘心。于是，他毕业之后就与这个成人英语等级资格证书叫上了板，不考过绝不罢休。

刘海从小就受到极好的教育，平时做事也极为认真，责任心强，在他目前的岗位上做得得心应手。然而，他从小就惧怕考试，平时学习挺好，但一到考试就落后。尽管惧怕考试，但他还是不想让人生留下什么遗憾。但是每次临考的夜里，他总是会胡思乱想，而且想着想着就睡不着了，结果第二天就真的考砸了。几年下来，他仍旧没能够拿到那个资格证书。如今，为了这个考试，他每晚都强迫自己去认真学习，因为太过紧张而产生了莫名的焦虑感，他几乎每晚都会失眠，这已经严重影响到了他白天的工作，因为工作总出错，时不时会受到上司的批评。

朋友说他太过固执，而刘海却始终认为自己的性格是完美的，他考英语证书也是为了让自己变得更为完美一些。要知道，掩盖自己的性格缺陷，不仅会置自己于痛苦之中，而且还会影响个人事业的发展。所以，在奋斗的过程中，我们一定要学会去正视自己，综合分析自身性格，并认识到其中的某些缺陷，这样才能使你的生活走上坦途，使你的成功之路走得更为顺畅。

具体来说，你可以这样做：

第一，对自己的性格进行全面的剖析，正确的评估自己。你可以尝试着将你的性格写在一张纸上面，然后进行客观的分析。看在不同的阶段，在不同的环境中，看你的这些性格能给你的发展带来什么样的后果，在前进过程中，有意地避免，这样才能使你走向最终的成功。

第二，严格要求自己。自己的性格存在哪方面缺陷，必须要认认真真地找出正面解决的途径。比如，一个性格内向、不善言谈的工程师，经过几年的个人奋斗成了部门项目经理，要带领一个团队，他认识到自己的缺陷就是害怕在大庭广众之下讲话，于是，他就制订了详细的解决途径，就是尽可能地找机会在大众面前多讲话。有了这样的行动之后，他就可以在奋斗的过程中，不断超越自己，在自己的岗位上如鱼得水了。

02. 不要自我蒙蔽，敢于袒露自己的性格缺陷

生活中，还有一种人总是失败，是因为喜欢自我蒙蔽。他们有一个性格缺点，那就是虚荣，为了能给别人留下"完美"的形象，总是不愿意向他人袒露自己最真实的一面，总是沉溺于白日梦和自我欺骗中不能自拔，这样终会导致一个人性格的畸形发展。喜欢自我蒙蔽的人，既不能使自己的性格更为完美，也无助于自己在生活中谋取成功。只有敢于袒露自己性格缺陷的人，才能不断超越自己，走向最终的成功。

一位著名的电影演员，因为家庭变故，与妻子闹离婚而心烦意乱，脾气变得异常地暴躁，他已经无法再静下心来好好地展现他的表演才能了。

有一次，他观看了自己拍摄的电影之后，发现自己在影片中的表演极其做作不真实，而且表情还异常地僵硬。于是，他沮丧至极，认为自己不会再受到观众的喜爱了，甚至一度想退出影坛，另谋出路。

后来，在朋友的劝说下，他召开了一次新闻记者招待会，将自己不能成功表演的原因公之于众，认为因为家庭的变故，使自己的脾气变得极为暴躁，并将自己愚蠢的行为和性格缺点公之于众。在场所有的记者和影迷都被他的真诚和坦率所感动，都给予了他极大的鼓励。他也因此而彻底摆脱了郁忧和烦闷，开始静下心来反思自己。

经过一段时间的修整，他的事业又登上了一个高峰。可以想象，一个习惯于自我蒙蔽的人，是不会在公开场合承认自己有缺点的，所以也

极难体会到被社会所承认的快慰。

一个人只有学会真实地袒露自己性格缺陷，才能真正平静地正视自己，超越自己，使自己达到人生的另一个高峰。要知道，每个人都不是一台设计完美的机器，都有缺点和弱点，这都是极为自然的事情，不必要去刻意地遮盖或者躲避。

有一次，记者问足球明星马拉多纳："几乎没见你哭过，你难道从来不会难过得想掉眼泪吗？"

马拉多纳说："是的，每个人都可能会遇到难过甚至痛苦的事，我也一样，但是我从不会掉眼泪，我认为那是一种软弱的表现。"

记者这样说道："掉眼泪是一种释放，并不是软弱的表现，在难过的时候，你不妨也掉掉眼泪，这样才能让球迷认识一个更为真实的，有喜怒哀乐，而且感情丰富的男子汉。"

生活中，很多人都有如马拉多纳同样的想法，认为不暴露自己的缺点就能赢得他人的尊重，殊不知，你所隐蔽的内心世界，正是他人所希望的。认识到自身的性格弱点之后，并加以改正和克服，会加倍地受到人们的尊重。就如金庸所说："唯大英雄大丈夫才能够显示英雄本色。"其实，所谓的本色主要是向人们真实地表露你的为人、性格，而不是去极力地掩饰，伪装，这样只会让你变得更糟糕，只会使你面对更多的挫折和磨难。

其实，每个人都有其性格弱点，即便是你崇拜的人物，他们也不是完美的人。大人物尚且如此，我们又何必去回避自己的弱点，进行自我欺骗，自我蒙蔽呢？

只有敢于正视自我，敢于袒露自我性格缺陷的人，才能够不断地修正自我，超越自我，走向最终的成功。

03. 面对性格冲突，要学会"择良弃恶"

人在前进的过程中，相互矛盾的性格似乎总是在不断地发生冲突。我们一生中诸多的困难和麻烦都是性格间的冲突造成的。比如一个善于言谈的人，却因为傲慢而不能与他人和睦相处；一个性格内向的人，却会因为内心缺乏安全感而难以使自己静下心来工作……性格冲突不仅能给你带来莫名的焦虑、痛苦，而且还会阻碍一个人事业的发展、家庭和睦与人际的和谐。为此，面对两种相互冲突的性格，我们就要学会选择，摒弃不良的性格，发扬优良的对自己各方面能起积极作用的性格。

著名的演讲大师查尔斯是个外向的、善于言谈的人，然而，他曾经奇怪地觉察到他正在不断地失去一些朋友。他开始意识到尽管自己的口才不错，但是在与人交往的时候，总是喜欢与人争辩，总与人相处不好。

到圣诞来临之前，大家都在忙着制订新一年的打算或计划，而查尔斯则是静坐下来，拿起一张白纸，列出了所有让人讨厌的性格特点。同时，他又对这些特点进行了编排，把最有害的放在清单的第一位，然后依次排下来，而害处最小的则是排在最后。他决定，在新的一年中，他要一点点地改掉自身的这些坏毛病。每次他都发现自己已经成功划掉了一个坏毛病的时候，他就用笔将这个坏毛病从纸单上面划掉，直到清单上所有的毛病都画完为止。后来，查尔斯成为朋友之中最受欢迎的人，正因为如此，他也成为当时美国最有人格魅力和感染力的演讲家。

如果查尔斯不对自己的性格进行任何的改造，如果他像如今的许多人一样，父母给了什么性格就保持什么样的性格，如果他继续以那种争辩的方式与人交往……那么，最终也不可能成为最有人格魅力和感染力的演讲大师。

人的性格是可以选择的，当两种性格发生冲突时，我们一定要学着改掉其不良的一方面，发场其良好的一面，这是你不断走向卓越的极为重要的一个方面。

在任何时候，我们都要学会选择，如果我们选择了使世界变得更美好、更和谐的性格，那么，你周围的世界也一定会变得更美好，更和谐。在任何时候，都不要等着别人去改造你周围的世界，别指望别人去做出改变或让步。如果我们能给周围的人留下良好的、令人愉快和乐于助人的印象，我们就完全可以影响他们了，使他们向着更好的方向发展。而这些人又同样可以以同样的方式去影响他人，那么，最终这个世界就会变成一个更为和谐、美好的生存空间，做出性格选择并非要如你想象的那般困难，那样去花费很长的时间。

尤其在人际交往中，很多人之所以不受人欢迎，遭人厌恶，是因为经常爱与人发生分歧、矛盾，而且这些矛盾或分歧从未得到有效的解决。如果这些人愿意做出更积极的选择，择良弃恶，像上述事例中的查尔斯那样，让别人从自我选择中受益，那么，你周围的一切就立即会变得极为和谐。事实上，如果你愿意的话，你的任何因为性格问题引起的矛盾、冲突等等都可以得到有效的解决。

在现实生活中，很多人根据自己的性格选择了合适的工作，对薪水也感到满意，却时常过得不愉快，原因是他们不能够与周围的同事更好地共事。于是，开始不断地换工作，最终一无所成。其实，如果这些人能够及时正视这些缺陷，并学会选择，学着以宽容的心态对待别人，倾听别人，接受别人的观点，那么，他就可以在工作中无比惬意，得心应手了。

所以，在任何时候，当你置身于大环境中，不能改变环境，就学着去改变自己吧。选择良好的性格特征，遗弃不好的性格，这样才能够使自己的人生之路走得更为顺畅！

04. 摒弃那些能毁人前程的缺陷性格

现实中，每个二十几岁的年轻人都渴望有所成就，获得成功，然而，在成功的道路上，有障碍就需要我们去克服，比如性格上的缺陷，就是横在人们成功道路上的一块绊脚石，如果你不能够很好地克服它，不仅很难获得成功，还会导致最终的失败，下面是导致一个人失败甚至一事无成的性格缺陷，你有几种呢？

一、知足

野心是一个人不断迈向新的辉煌的推动力，而一个生性知足的人，只要有吃有穿、腹饱体暖，对生活中没有任何欲求，如何能够创造富有与成功的未来呢？

二、保守

这样的人，其生活和事业完全是凭过去的经验去，没人走过的路他不敢轻易去尝试，没人做过的事情，他也不敢轻易去做。他们早已经看到自己的现状不如别人，甚至差得很远。但是，他们不是去创造财富以迎头赶上，而总是悲观地想到万一尝试新的事物会马失前蹄，所以，经常出现的状况就是：新的东西没得到，却会将旧的东西弄丢。这种人永远不敢向新的生活迈进一步，最终会一无所成。

三、怯懦

怯懦的人很胆小，在机会来临的时候，因为不敢轻易去冒险而让机会白白溜走。这种人只能眼睁睁地看着别人发财，而自己却急得在家中团团转，再着急了就不停地抱怨。

四、懒惰

懒惰的人有两个特点，要么光想不干，要么光干不想。身体懒惰的人每次想的都是不同的问题，还会时不时地想出一些新鲜的思想和念头，但就是不去将之付诸行动；大脑懒惰的人，一辈子都做同样的工作，从来不考虑去改变什么。这两种人，最终的结局只能走向死亡。

五、孤僻

孤僻的人很难与人打成一片，而赚钱就是要把别人的钱变成自己的钱，经常不与人打交道，如何能赚到钱呢？

六、自以为是

自以为是的人，因为不懂得低调，所以很难与周围的人处好关系。与人处不好关系，就不能够形成长久的合作。与人合作不好，如何成就大事业呢？

七、狭隘

狭隘的人有三方面的表现：一是心胸狭隘；二是视野狭隘；三是知识结构狭隘。这种性格的人，极难与他人和社会和谐相处，并且也很容易伤害别人。因为缺乏人脉，没有外援，最终只能一事无成或者是个十足的失败者。

八、骄傲

骄傲的人出一点成绩就会忘乎所以，这样的人也许会取得暂时的成功，但很快又会丧失掉他获得的一切。这种人心理极为脆弱，既经不起成功的喜悦，也经不起失败的打击，为此，这样的人最终只能与可怜与自卑相伴，消极地混世。

九、狂妄

狂妄的人在哪儿都不会受欢迎，尽管他们的口气很大，能力也许极强，但一定会招来周围人群起而攻之，以致丢盔卸甲，兵败乌江，最终一无所有。

十、自私

自私的人每天只是想着如何占便宜，不想付出、贡献，这种人最终无法获得成功与财富，而只能拥有自己，形影相吊，顾影自怜。

十一、消极

消极的人表面上不贪图名利，实际上是对现实太过消极。什么都不想，什么也不做，即便是有再强的能力，最终也是一事无成。可怕的是，他始终认为自己很聪明，什么都知道，什么都能看得清楚，所以看不起别人。他最容易变老，他的晚景最为凄凉，因为他有能力敏锐地感受贫困和失败。

十二、轻信

轻信的人，往往会给人一种有品格有修养的感觉，其实轻信就是他人的弱点。比如轻信你周围的朋友，轻信你的下属，轻信合作对象，还包括轻信自己的能力、知识、智慧等等，要知道，做事业，做生意赚钱是一种个人目的极为明确的事情，也是一种以利益为根本的事情，同时又是冒险的事情。所以，轻信的性格极容易会将利益拱手让给他人，或者会轻易把成功交给失误。

十三、多疑

轻信的另一面就是多疑，这是生意场上的大忌。多疑的最大特点是会莫名地把那些能够帮助自己的力量冷落在一边，从而形成孤军奋战的艰苦局面，以使自己离成功越来越远。

十四、冲动

冲动是魔鬼，这样的人很是多情，一冲动起来就不顾及其他，随便许诺，信口开河。但是理智之后，许诺不能够兑现，会极大地损害自己的信誉。而一旦轻率地泄露了自己的经营秘密，别人就会乘虚而入。冲动还有一个缺点就是爱轻易做决定，出决策，或者突然决定干什么，或者突然撤消什么计划。这种轻率行为的本身，就是失败，不需要等到结局的发生。

很多人失败或者一事无成，都是因为败给了性格。如果你有以上的这些性格，那么就赶快修正自己吧，这是创造自己辉煌未来的前提。了解自己性格的缺陷并有意地加以回避，是每个人的责任。

05．耐心：耐得住寂寞才能笑到最后

成就大事是需要耐心等待的，只有耐得住寂寞的人才能笑到最后！这是很多浮躁的人不喜欢的话题，然而，这是成大事者所必须要拥有的"软实力"，只有耐得住寂寞，才不会在成功还未来临之前就被命运抛弃到平庸的荒野，从而在平淡中碌碌无为过一生。

每个人都很努力，都想尽快摘取到成功的"桂冠"，然而，事实是，并不是你的每一次付出都能得到回报，并非你的每一次坚持都会有人看到，并不是你的每个善意都能得到理解，这个就是现实。现实不尽如人意，你有改变现实的能力吗？如果没有，你有更好的解决办法吗？当然有！很多时候，你只需要一点点耐心，一点信心，每个人总会遇到几次不公平的事情，而在这样的情况下，耐心地等待是解决问题最好的办法。

李安自幼生活在书香门第，父亲是一所中学的校长，对他的教育极为严格，他就是在这样有着浓厚中国氛围的家庭中成长起来的。

父亲希望他能考上大学，成为传家的楷模，但是他却两次联考落榜，让家里人一度失望，父亲对他的前途非常担忧。最终怀有电影梦想的他考进了台湾艺术专科学校影剧科。在 1978 年时，26 岁的他报考了美国的戏剧电影学校。他的这个决定遭到了全家人的反对，尤其是父亲，完全不能接受儿子去从事没什么出息的娱乐业。

对于长辈的意见，在李安看来，他们的担心是多余的。他知道，自己如此钟爱电影，一心只想在这上面有所发展，几乎赌上了自己全部的未来，怎么可能还不被电影圈接纳呢？

1980 年，李安拿到了戏剧学学士后，顺利进入了纽约大学。对他来说，进入这所大学，无异于进入了一座辉煌的电影殿堂。他毕业后就留在了美国，继续做他的"电影梦"，也开始了他在好莱坞漫长而没有希望的奔波。对于许多电影人来说，好莱坞几乎就是天堂，用光影成就梦想，一部电影之后，可能名利双收。其实，这不过是一个假象而已，人们看到的，永远是好莱坞光鲜亮丽的一面，看不到的则是繁华背后的挣扎。一个异乡人在好莱坞打拼，想成为导演简直无异于痴人说梦，大多数情况都是这样：他的工作就是对剧本进行局部修改、等待、再修改、再等待……直到最终毫无结果。

他没想到自己这一等，竟然是六年之久，一个人的一生中，能有几个六年？在这六年中，他唯一的收获就是找到了自己的意中人，并结了婚。当时的李安穷困潦倒，已经完全成为了家庭的累赘，因为没有找到与电影有关的工作，不得不赋闲在家，一家人只能靠妻子微薄的薪金度日。为了缓解心中对妻子的愧疚，他包揽了所有的家务，买菜、做饭、带孩子、收拾家里……在此期间，他也帮别人拍拍小片子，看看七彩，做点儿剪辑、剧务之类的杂事。

一段时间以来，他的岳父和岳母看他整天无所事事，因为他做饭特别好吃，于是他们想出一个办法，委婉地告诉女儿，准备资助他一笔钱，让他开个餐馆。他自知不能再这么下去，但也不愿靠丈母娘家的资助生活，决定去社区大学上计算机课，从头学起，争取可以找到一份安稳的工作。然而，他始终不放弃，他觉得自己终有一天能靠近自己的理想。

因为他的耐心等待和努力，终于在 1990 年完成了剧本《推手》的撰写，这个剧本获得了台湾政府优秀剧作奖，同时也为他迎来了 40 万的奖金，使他有了第一次独立执导影片的机会，1992年，他将这个剧本搬上了银幕。没想到的是这部电影非常成功，获得了很多的奖项，也从此为他开启了他真正的电影梦。

在奋斗的过程中，难免会遇到挫折和低潮，也总会有不被人理解的时候，也总会有低声下气的时候，这个时候，恰恰是人生最为关键的时候，因为每个人都会遇到挫折和磨难，多数人之所以失败，就是因为过不了这个门槛，你能跨过去，就能获得最终的成功，就能笑到最后。

在这样的时刻，我们就需要去耐心地等待，满怀信心地去等待。要坚信：生活不会抛弃你，机会总是会来的。至少，你还年轻，还没有被病魔缠身。现实中比你不幸的人有很多，路一步步地走，虽然到达终点的那一步很激动人心，很让人幸福和满足，但大部分的脚步都是平凡而枯燥的，但是没有这些脚步，或者耐不住这些平凡和枯燥，你最终无法迎来最后的激动人心的时刻。正如一位名人所说："逆境，往往是上帝帮你淘汰竞争者的地方。在逆境中，你不好受，别人也不好受，你坚持不下去了，别人也一样，千万不要告诉别人你坚持不住了，那只能让别人获得坚持的信心，让竞争者看着你微笑的面孔，失去信心，退出比赛。胜利属于那些有耐心的人。"为此，你要始终坚信，在最绝望的时候，也是新的希望的开始，在这样的情况下，你要静静地等待，等待属于自己辉煌时刻的到来。

06. 示弱：能屈能伸是成大事的"弹簧"之道

在奋斗中，难免会遇到不如意的地方，这个时候你不妨把生命弯成一张弓，弯成一张能屈能伸弹性极佳的弓，以平和的心态和坚韧的性格去坦然面对一切。经历风雨、经历阴暗，饱受挫折、饱尝磨难，这些其实都是成大事者储备的必要资源。就像蟑螂一样，它与恐龙几乎是同一时期的昆虫，但是恐龙却早已经绝迹，而蟑螂却仍旧存活至今，并且还大量地繁殖，是因为蟑螂在墙缝里可以存活、橱柜里可活、阴沟里也可活。同样的，一个人如果也能在人生最为黑暗，最为卑贱和最为痛苦的时候也能够像蟑螂一样能屈能伸，以屈求伸地活下去，那么，何愁大事不成呢？

大丈夫能屈能伸，这里的"能屈"并不是一种懦弱，而是一种长远的策略，一时的"屈"也是为了"伸"得更远。

汉初的淮阴侯韩信是一位叱咤风云的战将，他在未建立功名前，也忍受了不少奇耻大辱。

韩信是淮阴人，出身贫寒。在当时他不能被举荐做官吏，又不会从事生产或者做生意赚钱，为此，经常到熟人家中去混饭吃，很多人都不喜欢他。

他曾经多次到邻乡的一个亭长家里去求食，一连几个月。亭长的妻子很讨厌他，于是很早就起床把饭做来吃了，等韩信到吃饭的时间去看到锅中没饭，就明白了对方的意思，从此也不再去亭长家中混饭了。

有一次，淮阴城有个年轻屠户在街上看到韩信长得人高马大，就轻蔑地对他说："别看你身材高大，又喜欢带刀佩剑，我看其实你是个胆小鬼！"

韩信不予答理。最后，那位年轻屠户又当众侮辱他说道："你怎么不吭声呢？难道你不承认吗？那好，如果你不是胆小鬼，就刺我一刀；要是你不敢刺我，那就承认你是胆小鬼，从我的胯下爬过去吧！"韩信在无奈之下，就真的低头从他的胯下爬了过去。那个人就哈哈大笑，满街的人也都嘲笑韩信，都认为他是胆小鬼。

后来，项梁率兵起义，韩信拔剑从军，但一直没有什么名气，项梁兵败后，韩信又跟随项羽的部队，也只做到郎中官。他多次向项羽献计都没有得到采纳。当汉王刘邦率兵进入蜀地时，韩信从楚军中逃出来投奔了汉军。开始仍然没有得到重用，只做了一个管理粮仓的小官。后来他终于得到萧何的赏识，被萧何全力保举给刘邦做了大将。从此一举成名，为刘邦打下了半壁江山。

韩信忍受一时的屈辱，只是为了给自己留活路，为了以后能"伸"得更远。只有忍辱才能负重，只有忍才能屈，只有屈才能伸。正如韩信一样，没有当年忍胯下之辱，哪有后来的齐王楚王？哪有后来的淮阴侯呢？同样的，当年的勾践如果没有忍受会稽之辱，忍入吴之辱，哪有后来的卧薪尝胆，兴越灭吴呢？为此，能屈能伸是一种大智慧，是一种生存策略，要成大事，必须要学会忍受屈辱。

秦末汉初，张良因为暗杀秦始皇没有成功，被迫流落到下邳。有一天，他到沂水桥上散步，遇到一个穿着短袍的老翁。老头故意将鞋丢到桥下面，然后傲慢地差使张良说："小子，下去给我捡鞋！"饱经沧桑、心怀大志的张良，感觉受到了侮辱。但是，他看到对方是一个长者，也就没有拔拳相向，就下到桥下把鞋取了上来并膝跪于前，小心翼翼地帮老人穿好鞋。

后来，张良又经过了几次这样的考验，但他仍是像第一次那样做的。张良的隐忍和谦逊终于得到了老人"孺子可教也"的赞许，随即赠给他一本书，乃《太公兵法》。老人告诉他说："读此书则可为王者师，你用此书可以兴邦立国。"原来这位老人就是济北毂城山下的黄石公。从此以后，张良便日夜诵读，刻苦钻研兵法，俯仰天下大事。最后，张良为建立大汉王朝立下了汗马功劳，成为汉初三大杰出的人物。

正是因为张良屈尊于老翁为他捡鞋，才得到了老人的真传。如果当初他把老人让他捡鞋视为一种侮辱，而不能忍下这口恶气，后来也就不会成就一番事业了，他的雄心壮志也就没有了得以施展的基础。所以说，能伸能屈方显英雄本色。

自古以来，大凡能成就一番事业的人，都是一个能伸能屈的人物。我们不能只看到有成就者的伸，更应该看到有成都者的屈，该伸时当伸，该屈时当屈，才能显出英雄本色。

07. 眼界：目光有多远，世界就有多大

眼界决定一个人的价值取向。站得高，才能看得远，打开了眼界，自然就打开了心胸，心胸宽广了，就能容纳万物，不会计较一时的小得小失，自然能够成就大事业。历史上，被誉为清代"红顶商人"的胡雪岩曾经有一句全埋名言："做生意顶要紧的是眼光，你的眼看得到一省，就能做一省生意；看得到天下，就能做天下生意；看得到外国，就能做外国生意。"由此可见，眼界对一个人命运的决定作用。

有两个兄弟，哥哥从小就富有野心，总想着长大后要干一番大事业，就想方设法去与上流的成功人士交往，沟通，并且不断地寻找商机；而弟弟则很知足，眼界很小，总与周围熟悉的人交往，找了一份普通的工作，过着安稳的小日子。

有一天，父亲给他们两个人每个人20万。哥哥用这20万开了一家小餐馆，生意做得很红火，10年后，就成为当地有名的富商。而弟弟则用那20万买了一辆小汽车，到处显摆，10后仍旧一事无成！

其实，人与人之间原本没多大区别，只是因为各自心中的世界不同，而造成截然不同的人生结局罢了，就像故事中的哥哥与弟弟一样，因为内心的世界不同，所以追求也不同，命运也自然不同。

在现实社会中，很多刚处于人生起步阶段的年轻人总是会抱怨世界

不够大，施展个人才华的舞台也不够大。其实，世界与舞台的大小都源自我们的内心。有一句话说得好："心有多大，舞台就有多大"，要成就梦想，只有扩大自己的心灵空间，做到心胸宽广、眼界高远，才能得到最大的成功。

著名音乐家谭盾初到美国时，是靠街头卖艺生存下来的。当时与谭盾在一起卖艺的还有一个黑人琴手，当时他们配合得相当好。后来，谭盾因为不甘心，就努力地想改变自己的生活，他边卖艺边进修，后来经过努力终于考上了理想中的大学。十年以后，谭盾已经是国际上知名的音乐家了。

有一次，他发现当初与自己一起卖艺的那位黑人琴手还在街头拉琴，就走过去主动问候。那位黑人琴手一看到他，开口便问道："嘿！伙计，你现在在哪个地区拉琴呢？"

很显然，由于内心的想法不同，眼界不同，他们已不再是同一个世界中的人！所以说，什么样的心态就能产生什么样的结果，心有多宽敞，你周围的世界就会有多大。

在美国的一所著名大学，一位哲学家曾让他的学生做过一个这样的实验：他拿出一张 A4 的白纸举在同学们的面前，并集中注意力地盯着这张纸，请周围的同学告诉他他们看到了什么？

有的同学回答："我看到的只是一张白纸。"有的同学说："我什么也没看见。"有的同学却说："我看不到尽头。"

最后，这位哲学家就对第三类同学投去了赞扬的目光，并说："我比较欣赏这些同学的眼光，因为他们的目光不只是盯在一张纸上，他能超越事物的本身，想到未来。这样的人，眼界往往比较高远，心胸也更为宽广，也容易使人生更为辉煌。"

人们常用"世界有多大，心就有多大"来夸赞那些有远大志向的人，但是如果我们能把这句话颠倒一下，改为"心有多大，世界才有多大"，你也能从中发现人生的另一种境界。

眼界，其实有两方面的含义，一是指人们所见事物的范围，即为个人认识的广度；二是指人们认识和判断事物的深度和高度。一个人只有从足够的思想高度和广度来看待事情，才能形成对事物的认识，只有建立在对事物深刻认识的基础之上进行实践，才能走向最终的成功。所以，一个人眼界的高低，是判断一个人事业所能达到高低的一个重要依据。当年，毛泽东在井冈山进行土地革命的时候，就是凭借着高远的眼界对正在进行的革命斗争作出具有历史高度的判断："它是站在海岸遥望海中已经看得见桅杆尖头了的一只航船，它是立于高山之巅远看东方已见光芒四射喷薄欲出的一轮朝日，它是躁动于母腹中快要成熟了的一个婴儿。"这种建立在深刻洞察基础上的高远的眼界，不仅使中国获得了民族独立和民族解放的伟大胜利，而且还成就了他的伟业！所以，要想摆脱贫穷，获得成就，就首先学着去抬高你的眼界，增强你的见识，这是成就非凡人生与伟大事业的基本点！

08. 韬略：韬光养晦，大智若愚能成大事

聪明是一笔巨人的财富，也是成就大事业的最大的资本。而真正的大聪明，不是居功自傲、自以为是的张扬，而是深藏不露、韬光养晦的明智。《阴符经》说："性有巧拙，可以伏藏。"其实是告诉我们，善于伏藏是克敌制胜的关键，一个不懂得伏藏的人，即使能力再强，技术再过硬，智商再高，也很难战胜对手。同样，一个不懂得韬光养晦、藏巧于拙的人，往往会因为锋芒过于毕露、大智若愚而最终难以成就大事业，甚至还有可能会招引来不必要的祸端。

生活中，很多人都想做聪明人，但实际上多数人更喜欢和更愿意关照"傻"人。因为那些聪明的人，更容易让人产生戒备之心，而有德行，看起来傻傻的人，才更能赢得他人的信赖。

许多人都喜欢《射雕英雄传》中那个憨厚可掬的郭靖，他老实本分，看起来像个榆木疙瘩，而黄蓉却古怪精灵，悟性极高。依常理，黄蓉的职业发展前景应该比郭靖好一些才对。但实际上，升迁机会更多的反而是郭靖。江南七侠为了调教他，教给他真本领，贡献了自己的下半辈子，全真派老道，不远千里，不厌其烦地手把手教他真功夫，却不肯指点梅超风。甚至连降龙十八掌这样的真本事，都有人毫不保留地传授给他。

难道是幸运之神格外眷顾庸才吗？当然不是，郭靖这个人，尽管四肢发达，头脑简单，但他却懂得感恩，诚实守信、待人真诚，对人从不设防，所以更容易赢得他人的信赖。而同样的，黄蓉冰雪聪明，但却不能得到大师的点拨。聪明人因为有悟性，但是却最容易被人设防，结果是聪明反被聪明误，这是聪明人的局限性。在现代社会中，不管是商场还是职场，都需要能够踏踏实实做好自己工作，讲信用，不要小聪明的人，这样的人更容易赢得他人的信赖，也总是有出头的机会。

那么，在生活中，如何做才能让自己成为一个"大智"者呢？

1. 不要逢人便显露出你的情绪来，更不要逢人就诉说自己的困难与遭遇。

2. 在征询他人的意见时，要先动脑思考，不要先开口讲话。

3. 不要一有机会就唠叨你的不满的情绪。

4. 重要的决定尽量要进行深思熟虑之后，再隔一天发布。

5. 讲话的时候，无论在任何情况下，都不要有任何的慌张，走路也是。

6. 最好不要与他人发生争执，即便发生争执，也不要没有主见。

7. 当你周围的人整体的氛围情绪低落的时候，自己一定要保持积极、乐观和阳光。

8. 当事情不顺心的时候，一定要停下来歇歇，重新寻找突破口，就算失败也要乐观面对，干净利落，切勿自怨自艾。

9. 不要刻意将可能是伙伴的人变成自己的对手，对他人的小错误，小失误，不要斤斤计较。

10. 在金钱方面要尽量大方，学习三施，即财施、法施、无畏施。

总之，要尽力做到"刚、毅、木、讷"，即刚强、果敢、质朴、沉默寡言，这是一个大智者必须要做到的。

09. 坚韧：可以征服任何一座山峰

不灰心的性格能让人在厄运和困难面前坚持自己的梦想，能够促使一个人把工作做得更出色，从而取得最终的成功。

谭墨兰是一位英勇的国王，他喜欢向朋友们诉说他早年的经历。有一次，他说："我有一次被仇敌追逼，不得已就藏匿在一堵破旧的土墙边上。这个时候，我在那里站了几个钟头。当时的我万念俱灰，再也没有志气和勇气去做前面的事业了。然而就在绝望之中，我看到一只蚂蚁，背着一粒比它大数倍的谷，沿着墙壁尽力地向上拖。它跌下来许多次，但是它每一次仍旧努力地向上面爬。我曾经数过它跌倒了 69 次，但是它却一点也不灰心气馁。在第 70 次的时候，它到达了高墙的顶层上面，为此，我深受感动，每个人也应该像蚂蚁那样，永不灰心。

一个人只要拥有不灰心的性格，就没有任何事情能够击倒他。

每个人在为梦想奋进的过程中，难免会遇到各种艰难险阻，而如果意志薄弱，随意放弃，只会半途而废，这样的人是很难取得大成就，有大作为的。一个人拥有不灰心的性格，在任何情况下，都能坚信自己，重整旗鼓，达到最终的目标。

在美国有这样一个人，他的父亲是一位赌徒，母亲是一个酒鬼。在这样的环境下，他很小就辍学回家，成为街头混混。直到20岁的时候，他才猛然醒悟，认为自己不能这样走下去，否则，会成为社会的垃圾，人类的渣滓，自己也会痛苦，所以，他决心要走一条与父母迥然不同的道路，尽力活出个人样来。但是，他能做什么呢？

经过长时间的思索，他觉得找份工作是不太可能了，因为自己缺乏经验，没有技术；经商，又没有本钱……他想到了当演员——当演员不需要文凭，更不需要本钱，而一旦成功，却可以过不一样的人生。但是他显然不太具备做演员的条件，没有"天赋"，没有接受过任何的专业培训。然而，他想这也许是自己今生唯一出头的机会，他对自己说：绝不灰心，绝不放弃！

于是，他就独身一人来到好莱坞，找明星，找导演，找制片……找一切可能使他成为演员的人。但是，最终都被拒绝了。但他并没有因此而伤心难过，他认为，以自己的条件被拒绝也是极为正常的，就将每一次的失败当成是一次学习的机会吧。

随后，他又重新去找人……但是，很不幸，一晃两年过去了，身上的钱也花光了，只好在好莱坞做些粗重的零活，这两年来他遭到的拒绝有1000多次。随后，他又想出了一个"迂回前进"的思路：先写剧本，待剧本被导演看中后，再要求当演员。但当时的他已经不是一个门外汉了，两年多的耳濡目染，每一次被拒绝后，都有专门的人对他口传心授一些做演员的心得，一次次的学习，一次次的进步，让他具备了写电影剧本的基础知识。

一年后，剧本写出来了，他又拜访各位导演。但是，他又一次被拒绝了，但他依然不放弃。最终一位导演被他的精神感动，就答应给他一次机会，为了这一刻，他已经做了三年多的准备，终于可以一试身手了。

面对来之不易的机会，他全身心地投入其中，最终获得了巨大的成功，他的演出创下了全美国最高的收视纪录。

这个人就是世界顶尖的电影巨星——史泰龙。

在无数次的挫折和困难面前史泰龙都不灰心，不放弃，将所有的哀怨化为了前进的动力，最终才取得了巨大的成功。

若将人生的目标比喻成一座大山，挫折和困难就是攀登大山中难以把握、难以预期的崎岖的山径，我们时刻要以坦然的心态面对，不悲伤，不哀怨，不灰心，要将所有的悲伤、哀怨都化为前进的动力，最终才能够取得巨大的成功，这是修炼不灰心性格必备的一种态度。

第七章

这 10 年，绝对不能浪费的东西

01. 抓住生活中的点滴空闲

费城有一家造币厂，在处理金粉的车间的地板上，有一个木质的格子。每一次清扫地板这个格子就会被拿起来，随之里面细小的金粉都被收集了起来。日积月累，每年可以因此节约上万美元。事实上，关于这样的"格子"，每个成功人士都拥有。它的作用就是收集和利用那些零碎的时间，那些常人不大注意的点点滴滴的时间，那些被分割得支离破碎的时间。那些不期而至的假日，两项工作安排之间的间隙，等着咖啡煮好的半个小时，等候某位不守时人士的闲暇时间等等都被他们如获至宝地加以利用。而利用这些点滴的时间所取得的业绩，足以令那些不懂得这一个秘密的人目瞪口呆。

刘佳是一位小学教师，她大学学的是数学，但却一直爱好会计的工作。于是，她在 23 岁刚参加工作时，就每天坚持学习会计知识。每天除了上课，她都会抽出 3 个小时的业余时间用来参加会计班的培训学习。

就这样，今年 32 岁的她，已经完全精通和掌握了这项技能，并且还考取了国际会计师证书。如今的她，已经辞去了教师的职务，任职于几家大型集团公司的会计总监，总是天南地北地满世界跑，年收入已经达到了近百万。她坚持学会计已经快 10 年了，非专业出身的她因为爱好而一直努力，在专业的道路上越走越远。

作为二十几岁的年轻人，多数人总是埋怨自己的时间太少。与此同时，我们却对生活中的点滴时间视而不见。尤其是近几年，随着网络的普及和完善，我们把越来越多的时间耗费在了网络上：毫无意义地闲聊、打游戏等，只为了寻求精神上一种虚空的解脱，为了消除郁闷，最终白白让时间流走。长年累月，留给你的只是空虚和无聊。

要知道，时间如同我们的一位乔装打扮的朋友每天都如约到来，在它无形的手上携带着无价的礼物，但是，如果我们不利用它，那么它就会悄无声息地溜走，就像大海接受针尖上的一滴水，我们的日子滴在时间的河流里，无声无息，无影无踪。

心理学家曾做过这样一份调查报告，一个人如果要掌握一项技能，成为专家，需要不断地练习 1000 个小时。为此，我们可以算这样一笔账，对于一项技能，如果我们每天坚持练习 5 个小时，每年按 300 天计算的话，那么需要 7 年的时间，一个人才能真正地很精通地掌握这项技能。

当然，这一结论也是有心理学依据的，心理学家指出，一个人在保持专注的前提下，人的大脑就会对某一知识或技能进行感知、记忆、思维认知等活动，而大脑要真正地熟知和掌握这一活动的内部规律，则大约需要 10000 个小时，这便是所谓的"一万小时定律"。

身为二十几岁的你，你是否有特别的爱好呢？如果有，那么就赶紧行动起来吧。你每天可以坚持学习或练习 3 个小时，那么 10 年后，你便能成为这个领域里的专家。比如，你想成为律师，你每天只需要按照你既定的程序进行练习，坚持 10000 个小时，你就完全可以成为一名有名望的律师了。你想成为一名作家，那就每天坚持练习，那么10000个小时后，你也许就可以成为一位有名的作家了。

可生活中，还有一些年轻人会问："我做了10年文员，为何还是一名文员呢？为什么在家里做了7年的饭，却没变成超级大厨，反而发现婚姻到了7年之痒呢？"

那是因为，你没有投入精力和热情来练习一项技能。每天上班只是看报纸上网应付各种琐碎任务，大家干吗你干吗，每天做饭只是为了让家庭正常运转，并不用专业的眼光看待这件事。

生活中的许多年轻人，工作的内容并不是在练习技能，大部分是琐碎的人和事，实际上，这是对人生的一种荒废。

也许你会说，我是平凡人，我不想成为什么人，只想安安分分过日子。那只是你的错觉，时间在流逝，你每天重复重复再重复的那些行为，就是在塑造你，你不想成为什么人，可是你注定会成为什么人。

每天5个小时，如果你是用来在网上冲浪、看八卦、聊天，那么7年后，你只会变成一个生活的"旁观者"，你最擅长的就是如数家珍地谈论别人的成功，艳羡他人的成就，而自己身上却找不到任何可以说的东西。

所以，身为年轻人，你现在可以花1分钟仔细地想一想，你曾经最想做的事情是什么，然后每天去做这件事情，7年后，你就会惊喜地发现，你完全可以靠这件事情去干属于自己的事业了。

哪怕是你喜欢逛街呢，你规定自己每天逛街3个小时，可能一开始你会觉得很高兴，每天如此，你就会发现无聊，再坚持下去，你就开始琢磨了，我逛街还能发现点什么，还能搞出点什么花样？坚持下去，7年之后，你可能会成为时尚达人、形象设计专家、街拍摄影师、服装买手……

生命中的下一个7年，下一个10000小时，你打算怎样度过？

02. 无论怎样都要保住"道德"这张王牌

道德即品质、信誉等，二十几岁的年轻人都应该及早明白，它是你安身立命的王牌，在任何时候都要保住它，尤其是要保住你的职业操守。

一个人要成就大事，一定不要触及自己的职业底线，违反自己的职业操守。何为职业操守和职业底线？就是明白什么事可以做，什么事不可以做，比如守信、遵守职业道德等等，有操守和底线的人，更容易赢得他人的信赖和支持，在奋斗的过程中，他也会得到更多贵人和朋友的帮助，他的成功之路就会越走越通畅。相反，如果一个人不懂得遵守职业操守，那么，可能会把自己的发展之路"堵"死！

马良是深圳一家电子公司的技术部经理，在线路板技术领域有很高的威望和成就，而且做事果断，为人实诚，深受领导的器重。

有一天，马良的一个同行业的朋友打电话，约他到酒吧喝酒。马良也想放松一下，就到了相约的酒吧！

对方先上了几杯上好的鸡尾酒，几杯酒下肚，朋友对马良说："兄弟，我有一个忙想请你帮！咱们可是老乡，一同从家里出来打拼的，你一定得帮我哟！"

马良问道："什么忙，我能帮上的一定会帮你，凭咱们的交情，还用这么客气吗？"

朋友说："我们公司最近和你们公司在洽谈一个合作项目，如果你能把你们公司相关的技术资料给我提供一份，我一定会在谈判中占据上风的。"

"什么，你这不是让我泄露公司机密吗？这可是犯法的事情呀！"马良皱了皱眉头。

朋友压低声音说："这事你知我知，根本不会有第三个人知道。再说了，这事办成功了，我们也不会亏待你，至少会给你20万左右的报酬，这可够你在这里打几年工了！你可要想好呀！"

听了这样的话，马良有些动心。心想，自己辛苦出来打拼不就是为了钱吗？于是，就暗暗地默许了朋友开出的条件。

几天后，马良就按朋友所说，把公司的技术资料复印好，就递给了朋友。朋友也按约，把20万支票给了马良。

接下来的事情可想而知，公司在与对方公司谈判的过程中，就是因为技术资料被泄密，一直处于被动的地位，最终损失额高达几百万元。这让公司老总大为恼火，于是派人专门彻查此事，最终，事情大白以后，马良被辞退，那20万元也自然被退回！

马良的经历给我们这样的启示：面对任何诱惑都要坚守住底线，守住做人的基本原则，否则，一定会搬起石头砸到自己的脚，会自食恶果。

底线是做人的标尺，守住底线是做人最起码的要求。很多人彻底失败，就是因为守不住做人的底线，最终使自己身败名裂。

曾国藩一生阅人无数，但是在任何时候，他都能够坚守住自己的职业操守，或者说是为官的准则："尊上不媚上、使下不欺下。"这句话值得揣摩，发人深省。一个人在一个职位之上，都有上下级两层关系，处理上下关系的态度，最能够体现出一个人的品行。如果一个人媚上欺下，说明他私心太重，品行不端正，这样的人很难得到别人的信赖和支持，是无法成就大事业的。

"尊上"就是说要尊重上级领导，领会他们的战略意图，在现代，就是要理解老板的需求和关注点。理解老板想要什么。坚决执行老板已确定的策略和方针。说得通俗一点，也就是替老板分忧，尊重上级领导是工作的需要。"不媚上"即在上级领导面前不玩虚的，对于企业而言，归根结底是要看你的业绩，而并非玩玩办公室"政治"，玩手段，玩权术就能赢得上级的肯定。

"使下不欺下"就是给下属布置工作，不欺骗下属，不以权压人。在职场之上，那些飞扬跋扈、仗势欺人的人，是很难带好一个团队的，也极难有所成就的。一个瞒上欺下的人，可能会得意一时，但不能快意一世。最终会导致领导的不信任，不能令下属满意，最终会导致众叛亲离、四面楚歌的局面。而那些在上级面前不卑不亢、对下属平易近人的人，凡事都有公心，做事有底线，有职业操守，遵守职业道德，这样的人想不升迁都困难，做大事也是轻而易举的。

03. 积累经验，就要懂得珍惜当下的每一份工作

奋斗的过程像一条曲线，曲线是向上的，偶尔也会遇到低谷，但是曲线的大趋势却是一直向上的，但前提是，一定要坚持，"熬"得过痛苦，"经"得住煎熬。否则，它可能就会像脉冲波一样，每次都会回到起点上。在人生的起步阶段，到新的岗位，面对新的环境，总有不适的时候，这个时候，要学会坚持，不要稍不顺心就跳槽，重新让自己再回到起点，从头开始，这是成功的大忌。

要明白，成功是需要真本事，大才能的，而真本事，大才能都是靠真刀实枪"干"出来的，才能也是靠久经考验"练"出来的。而在人生的起步阶段，你如果频繁地跳槽，几年后，只能得到这样的结果：在三十多岁的时候，去找工作，简历上写着四五份工作经历，每次多则2年，少则几个月，因为不断跳槽，不断换行业，没有一项擅长或熟练的技能或者本事，到中年，还要回到起点从一个初级职位开始干起，拿最基本

的薪水，与一群刚刚起步的二十多岁的年轻人在同一起跑线上抢饭碗，那样的日子会好过吗？

在人生的起步阶段只有积累足够的资本，才能够成大事，当然了，这种资本的积累不仅仅包括工作技能和经验，还包括人脉，做人处事的能力，口碑，与人相处的能力等等，如果你频繁跳槽，代表你每一个阶段的积累都付之东流了，一切都得从头开始。如果在工作的前3年中，你换了三个行业，3年后，你等于只有一年的积累，而一个没有换行业，没有换工作的人，至少有了3年的积累，在同样的岗位上，谁会更占优势，谁更能抢先摘取到成功的果实呢？

很多时候，一个人在一个岗位上工作2年左右，都会觉得工作没意义，不顺利，心情烦躁，很想辞职，换工作，到另一个行业中去寻找新鲜感、快乐感，觉得这样就可以将所有的烦恼都抛开，殊不知，你抛弃的只是暂时的烦恼。当你到了一个新的单位，新的岗位上，一切都要从头开始，不久，你就会遇到同样或类似的困难，烦恼便会如期而至。

为此，在职业发展的初级阶段，我们都应该给自己科学的定位，从自身的职业属性、职业技能与职业经验值等多方位去确定个人的核心竞争力。只有拥有了明确的职业定位才能够在职业发展的各个阶段保持冷静的正确的选择，从而才能使自己在面对困难和转机的时候运筹帷幄。

刘波是数控自动化专业出身，毕业后被上海的一家汽车厂录用。两年后刘波感觉前途不是十分明朗，再加上自己对专业技术没有深钻的兴趣，有种即将被淘汰的压抑感，刘波选择了辞职。

后来，刘波又到北京一家机械制造公司做机床数控的老本行工作，他一边工作，一边学习金融贸易专业，希望有一天能在商界大展拳脚，这份工作持续做了不到半年，又因为没有兴趣而再次辞职，金融和贸易学习又因为太过困难而随之放弃。为此，刘波就利用业余时间学习了电脑平面处理，想着自己是不是可以从事平面设计工作呢？

　　就这样，刘波的"跳蚤"式的跳槽经历，让他跳来跳去一直跳不出围城，天南地北地闯还是没搞清自己职业发展的头绪。五年后，还是做着最低级的普通工作，薪水仅仅只能解决基本的生存问题。

　　在人生起步阶段，不断地"跳槽"，只会让你什么都不会，彻底失去市场竞争力，会距成功越来越远。

　　要知道，成功都是"熬"出来的，它就像一场马拉松长跑，在起步阶段，同行业的人都在同一起跑线上。开始起跑后，每个人都感觉很轻松，但是，很快就会有第一次的痛苦：呼吸不畅，腿上像绑了铅块一样，很想立即停下来，但是，只要你熬过去，就会感到轻松无比；接下来，还会遇到第二次、第三次的难受，而且一次会比一次厉害，但是，只要你能坚持住，"熬"过去，到最后，你就成功了。多数情况下，一些人在第一个阶段都坚持不下去，一些人能坚持到第二次，第三次虽然很多人都坚持不下去了，但是能跑到这里的已经没几个人了，而在这几次痛苦中积累下来的资本，足够你安安稳稳地活一辈子，如果能再努力一把，定会造就不凡的人生。

　　还有一些人，在一个岗位上工作几年后，对工作得心应手，觉得自己搞定了一切，所以，就懒得去进步了。其实，这个时候，你的积累才刚刚开始，你与客户的关系牢靠吗？领导器重你了吗？与那些后来者相比，你有哪些不足呢？这个时候，不是懈怠的时候，后面还有无数的竞争者在奋起直追，你仍旧要拿出刚入职场的干劲来，稳扎稳打，直到成为某一领域的精英人物，或者某方向的"专家"级人物。

　　李翔毕业后，到某 IT 企业做销售工作，两年后，因为工作业绩突出，以及人际关系的良好维护，对工作可谓得心应手。

　　有一次，一位客户企业希望挖他过去做销售部的副主管，这家客户的企业要比他现在所在的企业规模大得多，而且给出的薪酬也比他现在的收入要高出很多。多数人都觉得这是个千载难逢的好机会，应该"跳"

过去，一定有好的发展前途的。

但是张翔的选择却出乎人的意料，对客户热心的邀请，婉言谢绝。问及原因，他十分认真地说道："我觉得这个时机还不成熟，因为我对销售之外的企业管理知识还不甚了解，而对于销售，我的认识还未达到真正高的水平，这样跳槽，对三方都是一个巨大的损失。"

就这样，李翔又在自己的公司踏踏实实地工作了三年，其人脉关系、销售技能、为人处事等等的积累达到了一个层次之后，一步步地从销售部的副主管，升任为分公司的副经理。

只要你脚踏实地，兢兢业业，在哪里都能获得升迁和提拔的机会。在熟悉的环境中"拼杀"，取得成功的可能性会大很多，何必要通过跳槽到一个新环境中去重新开始呢？

在一个岗位上工作一段时间后，你有跳槽的冲动吗？如果有，那么，请你静下心来扪心自问：你足够熟悉你目前的工作流程吗？你对你的工作得心应手吗？你能做好每一个工作细节吗？你和你客户的关系足够牢靠吗？你了解你的老板吗？你足够了解你的下属吗？与同事能处好关系吗？如果你能，或不了解，就不能想当然地认为自己第一个阶段的积累已经足够了，这些问题不及早解决，无论到哪里，你的职业生涯都会面临瓶颈，就会距成功更远一些。

在人生的起步阶段，不要认为自己的天空飘着几片雪花，就感到满足了。成功是一个坚持与不断积累的过程，与其专注于搜集雪花，不如省下力气去滚雪球。正如巴菲特所说："人生就像是滚雪球，最重要的就是当你发现很湿的雪和很长的坡。"为此，在最初几年，一定要让自己沉淀下来，学着去发现"很湿的雪"与"足够长的坡"！

要时刻清醒地记住一个道理：任何一个单位，一个老板都不会养闲人，如果你真的有本事，积累已经足够，那就将其转化为工作业绩。那么，每天忧心的不是你，而应该是老板了，他会天天怕你跳槽，怎么会不给你升职，不给你高薪呢？

所以，要想在人生起步阶段取得成功，就必须要有一股"狠"劲，对自己"狠"一点，对工作"狠"一点，吃苦在前，享受在后，这是成事者所必备的心态，选择一个好的平台，跟一个好老板，好好干，干出成绩来，让钱来找你，而非你去找钱。

最后，请记住当下流行的一句话：天空飘散的雪花，会极快地融化掉，化为乌有，只有雪球才能更为实在，持续得更为长久。

04. 用感恩的心对待你的每一份工作

我们时常会对平淡无味的工作心生埋怨，会为工作中的琐碎繁重而心烦，会因为工作中的小小失败而气馁。可是，如果你能以感恩的心去对待你的工作，便能够从平凡中寻到精彩，从失败中汲取教训，你就会发现，工作历练了我们的能力，精彩了我们的生命，启迪了我们的智慧，它是上天赐予我们的最珍贵的礼物。

杰端是美国一家麦当劳的一名普通的职员，他每天的工作就是不停地做很多相同的汉堡，没有任何的新意。但是，他依然每天都很快乐，从来都是用满怀善意的微笑来面对他的顾客，几年来一直都是如此。

杰端的这种真挚的快乐，感染了他身边每天都垂头丧气、牢骚满腹的同事。有的同事问他，为什么对这样一件毫无乐趣的工作充满了激情？杰端说道，我每做出一个汉堡，就能感受到顾客因为它的美味而感到快乐，那我也感受到了我的作品所带给我的成功，那是多么美妙的事情啊。我每天都会感谢上天赐予我的如此好的工作。

因为杰端快乐的心情，这家店的生意异常地好，名气也越来越大，最终传到了麦当劳总管的耳朵中，杰端就得到了一个高层管理的职位。

在工作中，如果你总是将冤屈、不满和愤怒装于内心，就会成为全世界最为悲惨的人。而如果能够对你的工作心存感恩，懂得珍惜，那么，你的每一天都将是快乐和充满激情的。就像故事中的杰端一样，总是以享受、积极、乐观的心态去对待他的工作，最终成为主动进取、敬业乐观的人。

劳拉是一家汽车修理厂的修理工，从进厂子的第一天起，他就不停地抱怨：修理这活真是太脏了，每天都弄得身上脏兮兮的，而且还领不到高额的薪水，真是太扫兴了。每天，他都在这种不满的情绪中度过，认为自己干的只是奴隶的工作。他每时每刻都在窥视着师傅的眼神与行动，稍有空隙，就会伺机偷懒，对手中的工作只是疲于应付，并且总是期待下班时间能够快点到来。

转眼几年过去了，一起和他进厂的几个工友，各自凭自己精湛的手艺，开起了自家的维修厂，还有的被公司送进大学进修，独有劳拉自己，仍旧做着令他讨厌的修理工作，仍旧沉浸在无法升迁的痛苦之中，碌碌无为地应付每一天。原来，不快乐地疲于应付工作，最大的受害者是他自己。

正如余秋雨所言："工作的追求，情感的冲撞，进取的热情，可以隐匿却不可贫乏，可以浑然而不可以清淡。"当一个人以感恩的心态面对工作，就能将自己全身心地融入到工作之中，将积极和热情变为自身的一种习惯，便能够获得令人可喜的业绩，个人的职业生涯也因此会圆满，事业就能有所成就。

如此这样，你就可以感受到双重的乐趣：工作不仅仅只是一种职业，更成了一种享受。快乐也是一种态度，这种态度可以化枯燥为享受，化琐碎为乐趣，那么，你将会获得无比的快乐，就能为自己的人生画上眩彩的一笔。

"用感恩的心对待工作"，这不仅仅是一句漂亮话，而是真情的迸发。岗位为你展示了较为广阔的发展空间，工作为你提供了施展才华的平台，为我们的聪明才智找到了萌芽的土壤，我们应该学会感恩，感恩老板给我们提供的工作机会，感谢老板给我们施展才华的舞台，这样，我们就会热情奔放，激情洋溢，满控热忱地对待你手头的每一项工作，将会使你的人生焕发出最为精彩的光芒。

05. 抓住擦身而过的机会

机会可遇不可求，抓住机遇，趁势而为，方能达到最终的成功。机遇对每个人都是公平的，机遇又是随缘的，是可遇不可求的。我们常说"机遇是给有准备的人"，在其没有来临之前，我们不必急躁，要更加积极努力，蓄势待发；机会一旦来临且已准备充足，那么接下来，就看我们是否能准确选择并及时抓住了。

抓住机遇，也就是选择最适合自己的。就像一个优秀的足球运动员，在球场上的激烈争夺中，能巧妙地将球踢入球门，靠的不仅仅是他精湛的技术水平，还要选定最佳角度，准确地把握战机。在个人奋斗过程中，我们要时时分析自己周围的环境，要有敏锐的眼光，果断地抓住机遇，顺势而上，方可以达到事半功倍的效果。著名的科学家阿基米德，就是及时从启示中抓住了机遇，从而使他的科研之路达到了新的高峰。

阿基米德是古希腊有名的科学家，有一次，叙拉古赫农王让工匠帮他做了一顶纯金的王冠，但是疑心工匠做的金冠并非是纯金，但是这顶金冠确实与当初交给金匠的纯金一样重。工匠到底有没有私吞黄金呢？既想检验真假，又不能够破坏王冠，这个问题确实难倒了国王，也使诸位大臣们面面相觑。经过一位大臣的建议，国王就请阿基米德检验。最初，阿基米德也是冥思苦想但却无计可施。

有一天，阿基米德在家中洗澡，当他坐进澡盆中时，就看到水往外流，同时也感到身体被轻轻地托起来了。

他突然领悟到自己可以用测定固体在水中排水量的方法，来确定金冠的比重。这个时候，他就兴奋地跳出洗澡盆，连衣服都没顾得上穿，就跑了出去，大声地叫喊着"我知道了"，这就是著名的阿基米德原理的发现过程。

因为这个意外的发现，让阿基米德成为最为卓越的科学家之一。

只有抓住机遇，趁势而为，才能获得最终的成功。每一次机遇的到来，对于任何人来说都是一次严峻的考验。它不仅需要我们有坚实的功底和知识储备，更需要我们在看到机遇的时候，拿出拼搏和创新的魄力来。

事业成功与否很大程度上取决于你对机会的把握，这就像"猫捉老鼠"一样。一只猫看到一只老鼠的时候，它会先静静地趴下，仔细地观察老鼠的动静，当它确认老鼠的行踪后，猫会先轻轻地迈出几小步，看看老鼠有什么反应。当猫感觉自己有把握捉住老鼠的时候，它就会以最快的速度猛扑上去，猫对"商机"的把握真是到了最高的境界。在信息社会，眼光一定要敏锐，出手一定要快。所谓快鱼吃慢鱼，如果你总是犹豫不决，等待更成熟的时机，那么，别人已经捷足先登了，商机已经不属于你了，而你也只有看着别人成功的份了。

拿破仑·希尔说得好："成功的秘诀在于主动去抓取机会，并立即去做！"这话已被众多事业成功者的经历所证实。在任何时候，只有决心并积极采取行动，才能捕捉到你渴求的机会。

那么，如何去积极主动地抓取机会呢？思路决定出路，切实可行的机会需要你时刻转变思路，同时也要主动从以下几个方面去抓取：

1. 寻找"第一"。物以稀为贵，要寻找财源，就得寻找别人没有干过的事。

2. 新奇。成功者的思维方式永远与普通人不同，他总能在无路可走时找到拐点，这主要在于你们能够创造新奇的点子。任何变化都能激发新的机会，需要你凭着自己敏锐的嗅觉去发现和创造。许多很好的机会并不是突然出现的，而是对"先知先觉者"的一种回报。

3. 空白。只要善于观察和思考，任何"人满为患"的行业都存在着空白点。

4. 信息。当今社会，信息就是机会，平时要多与人交流，多了解行业内的信息，这样有利于在瞬间抓取有利的机会。

5. 想象。当你幻想他们渴望在生活中拥有的产品或服务时，机会就被创造出来了。

6. 弥补对手缺陷把握机会。很多机会是缘于竞争对手的失误而"意外"获得的，如果能及时抓住竞争对手策略中的漏洞而大做文章，或者能比竞争对手更快、更可靠、更便宜地提供产品或服务，也许就找到了机会。为此，创业者应研究对手。从别人身上寻找自己发展的机会，获得成功。

7. 训练。识别机会的最好方式是不断用新的经验去开拓你的思维。比如旅游、接触陌生人、读以前从不读的书、发展新的爱好等。你会发现陌生的领域自有天地。

8. 用音乐、艺术、舞蹈、体育等填充大脑。研究表明尝试的新东西越多，就会变得越聪明，并具有创造力。

机会等不来，要靠自己去争取，多努力一点就是向成功多靠近一步。或许一百次的努力只有一次能够成功，但这唯一的一次就足够缔造辉煌了，前提是你一定要学会积极主动去争取，去创造！

06．绝不拖延——现在就行动

有了机会后，就要立即行动，只要将抓取到的机会转化为切实的行动，才能实现宏大的梦想。生活中，很多人抓取到了机会之后，总是得意洋洋地对自己说"明天再说"、"这些事情明天再做吧！"之类，最终让机会悄无声息地溜走。

地球上，每天都有成千上万的人把自己辛辛苦苦、苦思冥想出来的新构想，辛苦费力抓到的新机会错失掉，因为他们总是拖延着，不敢立即行动。世界上之所以有那么多庸庸碌碌的人，就在于他们并未将抓取到的机会付诸于行动。他们总是拖延着，幻想着，人生就在这种幻想与拖延中蹉跎。

成功的秘诀就是行动。就是"立即行动，绝不拖延！"这听起来很简单，但许多人却无法做到。如何才能立即行动而不拖延呢？

安东尼·吉娜是美国纽约百老汇中最年轻、最负盛名的年轻演员，在她还是一个学生的时候，一个偶然的机会，经朋友推荐，她得到了一个到纽约百老汇试镜做演员的机会。

然而，她并未珍惜这个机会，只是说：等自己大学毕业后，先去欧洲旅游一年，再去做一名演员吧！

听到这样的借口，她的老师尖锐地问了一句："你今天去百老汇跟毕业后去有什么差别？"吉娜仔细一想："是呀，大学生活并不能帮我争取到百老汇的工作机会。"于是，吉娜表明决定一年以后就去百老汇闯荡。

这时，老师又问她："你现在去跟一年以后去有什么不同？"

吉娜想了一会儿，对老师说，她决定下学期就出发。老师紧追不舍地问："你下学期去跟今天去，有什么不一样？"吉娜有些晕眩了，想想那个金碧辉煌的舞台和那双在睡梦中萦绕不绝的红舞鞋……她终于决定下个月就前往百老汇。

老师乘胜追击地问："一个月以后去，跟今天去有什么不同？"吉娜激动不已，她情不自禁地说："好，给我一个星期的时间准备一下，我就出发。"老师步步紧逼："所有的生活用品在百老汇都能买到，你一个星期以后去和今天去有什么差别？"

终于，老师要的那句话她说出了口："好，我明天就去。"老师赞许地点点头，说："我已经帮你订好明天的机票了。"

就这样，吉娜飞赴到全世界最巅峰的艺术殿堂——美国百老汇。当时，百老汇的制片人正在酝酿一部经典剧目，几百名各国艺术家前往去应征主角。按当时的应聘步骤，是先挑出10个左右的候选人，然后，让他们每人按剧本的要求演绎一段主角的念白。这意味着要经过百里挑一的两轮艰苦角逐才能胜出。

等她到了纽约后，并没有急于漂染头发、买靓衫，而是费尽周折从一个化妆师手里要到了将要排演的剧本。这以后的两天中，吉娜闭门苦读，悄悄演练。正式面试那天，吉娜是第48个出场的，当制片人要她说说自己的表演经历时，吉娜粲然一笑，说："我可以给您表演一段原来在学校排演的剧目吗？就一分钟。"制片人首肯了，他不愿让这个热爱艺术的青年失望。

当制片人看过她的表演之后，竟然是将要排演的剧目对白，而且，面前的这个姑娘感情如此真挚，表演如此惟妙惟肖时，他惊呆了！他马上通知工作人员结束面试，主角非吉娜莫属。

就这样，吉娜来到纽约的第一天就顺利地进入了百老汇，穿上了她人生中的第一双红舞鞋。

若不是她经人指点，她也就失去了这个机会。为此，我们要干出一番大事业，一定不能拖延，要干就立即行动，别白白浪费了得之不易的机会。在生活中，很多人总认为事情太过复杂，做起来太过棘手，所以迟迟不敢行动。其实，很多事情只要付诸了行动，并非你想象的那么难。

有一位老农，他的田中横卧着一块大石头，多年来，这块石头碰断了老农的好几把犁头，还弄坏了他的农耕机。老农对此无可奈何，这块巨石成了他种田时挥之不去的心病。

一天，在又一把犁头被巨石打坏之后，老农终于下定决心，一定要想办法弄走这块巨石，了结这块心病。于是，他就找来撬棍伸进巨石底下，却惊讶地发现，石头埋在地里并没有想象那么深、那么厚，稍微使劲就可以把石头撬起来，再用大锤打碎，从地里清理出来。老农脑海里闪过多年被巨石困扰的情景，再想到可以更早些把这桩头疼事处理掉，禁不住一脸的苦笑。

遇到问题应立即弄清根源，有问题更须立即处理，绝不可拖延，就像故事中的老农一样。很多事情并没有你想象得那么困难，只要行动起来，你就会在行动中找出解决问题的方法。

拖拉是把今天的担子放在明天的肩上，直到不堪重负，变成一个负不起责任的人。要想实现梦想，凡事绝不可拖延，在抓取到机会后，要立即将其付诸于行动！

拖延是一种恶习，拖延会侵蚀人的意志和心灵，消耗人的能量，阻碍人的潜能的发挥。处于拖延状态的人，常常限于一种恶性循环之中，这种恶性循环就是：拖延——低效能——情绪困扰——拖延，最终会一事无成。

社会学家库而特、卢因曾经提出一个概念叫做"力量分析"。在这里面，他描述了两种力量："阻力和动力"。他说："有些人一生都是踩着刹车前进，比如被拖延、害怕和消极的想法捆住手脚，有的人则是踩着油门呼啸前进，比如始终保持积极、合理和自信的心态，这一分析适用于工作。"在遇到任何可成功的机遇，一定不要拖延，应采取有效、有力的行动，才是正确的决策。

为此，从现在开始，我们要用"一分钟也不要拖延，绝不拖延，立即行动"这句话来作为人生的自动启动器，无论在任何场合、地点、时间，当你感到拖延的恶习正悄悄地向你靠近时或当此恶习已迅速缠上你，使你动弹不得时，你都应需要用这句话来及时提醒告诫自己。

第八章

这 10 年，如何让自己不掉队

01. 一个能时刻反省自我的人，是无敌的

一个人在前进的过程中，难免会犯错，尤其是二十几岁的年轻人。一些错误，可能会让你人生受挫，遭遇不幸，甚至会葬送你的事业，将你的一切努力毁于一旦。所以，要想让自己不犯致命性的错误，最好的办法就要善于从小错中总结和反省自己。

不可否认，犯错是一个人成长的基石，一个人如果不敢犯错，害怕犯错，那么，他便很难认清楚自己的劣势，也很难成长，这也可能会成为废人。这句话绝非是在纵容人们去犯错误，而是告诫人们要以正确的态度去看待自己的错误，犯错后及时反省，勇于更正自己，从错误中"知己"，这是使自己逐步走向卓越的开始，这样的人，也是无敌的。

在个人发展过程中，如果不想任何事情都去问别人，也不想自己闷着头走错路，就一定要具备总结的能力。

从事销售工作的刘强，近来连续拜访了六位大客户，最终都没能与

对方达成交易。这个时候，他应该迅速地做一个动作，就是拿出纸和笔写下拜访的过程以及认真反省和总结原因：

为什么客户会拒绝自己？自己交往过程中出现了哪些问题；交往过程的哪个环节，让对方产生了不信任感？客户为何反感自己，从什么时候开始对自己冷淡……

迅速地拿出纸和笔，科学地分析和总结一下，才能够避免下次犯同类的错误，才能更清楚地"知己"，看清楚自己。

如果不去学习、分析、反思和总结，那么，拜访再多的客户，结果还只是徒劳。只有错误，没有成长，那你的错误就白犯了，只会将你拖入自卑的深渊，进而让你自暴自弃。

做好了自省和分析，不用仙人指路，就能让下一步走得更为顺利。生活中，很多人在犯错之后，往往会用借口搪塞自己，这往往是因为他"好面子"。要知道，要想取得成功，就要敢于丢下面子，那些有成就的人，都不是在乎面子的人，而是懂得尊重事实。

美国著名的金融大鳄乔治·索罗斯之所以能成功，很大一部分原因就在于他能以正确的心态看待错误。

在乔治·索罗斯看来，每个人并非天生完美，获取的知识并不足以引其行动，这就是"易错性"，人们要进步，就需要不断地犯错，不断地承认，不断地加以修正。就以投资来说，错误是绊脚石，却又是成功之源！

他在接受记者的采访时曾这样说道："我有认错的勇气。当我做错了事情之后，就会立即马上改正，这对我个人的事业十分有帮助。我的成功，主要来自于我对错误的承认和纠正。"在自己犯错之后，索罗斯从来不会给自己找借口，他这样说道："认错的好处，是可以刺激并增进批判力的，可以让你进一步重新检视你的个人决定，然后通过不断地修正自己，让自己获得进步。我总以承认和改正错误为荣，甚至我的骄傲和实力的根源都来自于认错。"

在事业的迈步阶段，我们也要善于总结，反省自己，认清自己，以正确的态度去面对和正视自身的错误，从而让自己不断走向人生的辉煌。

生活中，我们总会不自觉地将事物复杂化，在犯错之后总是会找一些客观的理由或者借口来保全自己的面子，从而让周围的人发现我们自身的局限性与狭隘性，从而让我们失去面子，并且斩断下一次通往正确的可能性。要知道，任何一个错误都是有价值的。古人云："过而能改，善莫大焉。"如果人们能从每一次错误中吸取教训，总结经验，首先做到避免犯同样的错误，进而把自己的短处变为长处，增加自己的优势，如此，就真可谓是值得庆幸的。

王安石是"唐宋八大家"之一，也是宋代著名的政治家、文学家和诗人，他一生都好学，治学严谨。

《泊船瓜洲》是令人称颂的诗词，"春风又绿江南岸"是诗中的点睛之笔，尤其"绿"字，更是妙不可言。这个字，是他反复推敲十余次而定稿的，可见他治学的严谨之风。然而，即便如王安石一般的大家也有失误犯错的时候。

有一次，他来到江南某地，见当地有一首诗，这样写道："明月当空叫，黄狗卧花蕊。"看到此句，王安石心中顿时生疑，明月只能"当空照"，怎能"当空叫"呢？那黄狗又岂能卧到"花蕊"上去？他自恃博学，认为诗句中的这句甚是不妥当，于是就挥笔改成：明月当空照，黄狗卧花阴。并且还在诗后面附言数句，责备这首诗的作者太过粗心。

数年之后，王安石又路过此地，听人说此诗作者的家乡有一种叫做"明月"的鸟，经常当空鸣叫，并且还有一种叫做"黄狗"的小虫子，总喜欢躺卧在花蕊中。至此，王安石方才恍然大悟，自知才学还差甚远，极为后悔。从此更加严谨求学，一丝不苟，终于成为名扬后世的"八大家"之一。

在错误面前，王安石并没有强词夺理，而是用极为诚恳的态度接受了它，并以此自警自勉。如此做是需要极大的勇气的，并非每个人都能做得到。一个人如果做错了事情，竭力为自己辩护和开脱是最为愚蠢的做法。明智之举是客观地看待，实事求是地分析，然后再想尽办法进行补救，并以此为戒，自勉自立，这是更新自我、提升自我的基础。

在很多时候，坦诚地面对自己的错误，拿出足够的勇气去承认它、面对它，才是在最为恰当的时候握住了打开成功之门的钥匙，这不仅仅是做人的美德，更是为人处世的最为基本的素养。

02. 没有三头六臂，就要善于去借用他人智慧

一个人，不管其能力有多强，其智慧都是有限的。唯有借助他人之力、之智，取长补短，为我所用，才能加快成功的步伐。

对于年轻人来说，无论是个人成长还是追求成功，单靠自己单打独斗是不大可能的，必须要依靠团队的力量，借助他人之力实现自身的目标。帮助你的人越多，就像往火中添柴般，越烧就越旺。

成功的人所以能取得成功，除去环境、机遇与个人等因素外，善于利用他人的智慧，与他人合作，是极为关键的因素。纯粹意义上的赤手空拳打天下、白手起家是不存在的，也是不现实的。任何人都是合作的对象，合作的范围越广，合作的境界越高，生存的空间越大，获取的能量就越大。

一位小男孩在沙滩上堆沙子，他身边有一大堆的玩具：小汽车、塑料货车、塑料水桶与小铲子。他认真地用这些工具"修筑公路和隧道"，在隧道的挖掘过程中，挖到了一块石头。

　　小男孩开始有些着急，企图将它从泥沙中弄出去，岩石相当巨大。他手脚并用，用尽了力气，但是岩石却纹丝不动。小男孩用手使劲地推、脚蹬、左摇右晃，一次次地向岩石发起冲击。但是，每次刚将岩石搬动一点点的时候，岩石便又在他稍微放松时又滚回原地。小男孩子气急了，使出吃奶的力气猛烈地滚动，但他得到的惟一回报便是岩石滚回来将手指挤出了鲜血。最终，他筋疲力竭，一下子坐在沙滩上面哭了起来。

　　这个情况被小男孩的父亲看到了，亲切地走到他的跟前，温和而坚定地说道："儿子，你为何不用所有的力量呢？"男孩却哭了，说道："爸爸，我已经完全尽力了！"

　　"不对，"父亲亲切地纠正道，"儿子，你并未尽你所有的力量，你没有请求我的帮助啊。"说完之后，父亲则弯下腰，抱起岩石，将岩石扔到了别处。

　　很多时候，当我们面临问题，无力去完成一件事情的时候，与其苦苦追寻而不得，不如向旁边的人去求助，借用他人的智慧，问题便可以得以迎刃而解。

　　关键时候借用他人智慧，可以让你的决策更为完美和完善，提高成功的几率；关键时候，如果能得到贵人的相助，便可以救你于危难时刻，为你力挽狂澜，助你走出困境。

　　巴菲特之所以能够取代比尔·盖茨成为世界首富，成为众人羡慕的对象，除了他拥有津津乐道的独特的眼光、独特的经营理念与不败的投资经历之外，更重要的就在于他的大贵人本杰明·格雷厄姆的倾心扶持。

　　原本在宾夕法尼亚大学攻读财务和商务管理的时候，为了能学到真本领，他曾经费尽周折转学到哥伦比亚商学院，拜师于著名的证券分析师——本杰明·格雷厄姆。大学毕业之后，巴菲特毅然就放弃了待遇优厚的工作，不计报酬地继续跟随格雷厄姆学习投资知识，在自身的不懈努力与悉心传授之下，终于从老师那里学到了投资的精髓。最终，巴菲特就创办了自己的公司，并获得了极大的成功，被人们誉为投资界的"股神"。

全球"行销之神"亚伯拉罕说过："一个人之所以一事无成，只是没能将自己身后的资源兑换出去。"我们如果能将身边的陌生人经营成了我们的贵人，也就铸就了"振臂一呼，应者云集"的大成人生。

总之，善借他人之智是成就大事的有用技巧！所以，在任何时候，我们都不要幻想自己有三头六臂，个人单枪匹马独闯天下的时代早已经成为过去。从现在开始，伸出你的合作之手吧，调动一切可以调动的资源为我所用，这正是我们解决困难、走向成功的最好方式。当然了，善借他人之智并非是单单去借助你周围的朋友、贵人等，还要善于利用集体的力量，充分发挥每个人的聪明才智，这是成就一番大事业的基础！

03. 把握好坚持与变通的尺度

只有很好地把握好坚持与变通的尺度，才能在不变与变化之中迅速取胜。

奔腾不息的河流，因为坚持奔流，才成就了一方浩淼的海洋；五彩缤纷的贝壳，因为学会了变通，离开大海，同样也描绘出满地的星光。成功需要坚持不懈的精神，同样，也需要灵活变通。在事业的迈步阶段，我们一定要能够把握坚持与变通的尺度，懂得在什么时候该坚持，在什么情况下该变通，这是取得成功的关键。

一个村庄中有两位年轻人，一个叫小朋，一个叫小明，两个人是很要好的朋友。因为他们居住在偏远的山区，谋生不容易，所以，就相约到远方去做生意。他们两个人同时将家中的田地变卖，带着所有的财产和驴子出发了。

　　他们先到了一个生产麻布的地方，小朋对小明说道："我们家乡，麻布是很值钱的东西，我们要把所有的钱取出来换成麻布，带回故乡去卖，一定能赚大钱的。"小明觉得这个想法不错，于是就同对方一起，买了很多的麻布，然后细心地捆绑在驴子的背上面。

　　紧接着，他们一同又到了一个盛产毛皮的地方，那儿正好也缺少麻布，小朋就对小明说道："毛皮在我们家乡也是十分值钱的东西，我们可以在这儿把麻布卖掉，换成毛皮，这样不但可以收回本钱，返乡之后还能得到极高的利润。"

　　小明说道："不了，我的麻布已经极为安稳地捆在驴背上了，要搬下来太不容易了。"

　　小朋就把自己的麻布全部换成了毛皮，还多了一笔钱，而小明依然有一驴背的麻布。

　　紧接着，他们又继续前进到一个生产药材的地方，因为那里天气苦寒，正好缺少毛皮和麻布，小朋就又对小明说道："在我们家乡，药材是更加值钱的东西。我们可以把麻布卖了，换成药材带回故乡一定能够大赚一笔的。"

　　而小明则再次拍拍驴背上的麻布说道："不了，我的麻布已经很安稳地在驴背上了，何况已经走了那么远的路，卸上卸下真是太过麻烦了！"随即，小朋就又把皮毛都换成了药材，还大赚了一笔。而小明依然有一大驴背的麻布。

　　后来，他们又路过一个盛产黄金的城市，那个金矿城市是个不毛之地，很是欠缺药材，当然也极为缺少麻布。小朋就对小明说道："在这里药材和麻布的价格很高，黄金却很便宜，我们故乡的黄金却十分地昂贵，我们只有将药材和麻布换成黄金，这一辈子都不愁吃穿了。"

　　小明再次拒绝了，说道："不，不，我的麻布在驴背上面很稳妥，我不想变来变去的。"而小朋则又把自己的药材换成了黄金，又赚了一大笔，而小明依然守着自己一驴背的麻布。

最后，他们就回到了家乡，小明变卖了麻布，只得到一些蝇头小利，与他的辛苦远远不成比例，而小朋则不但带回家一大笔财富，还把黄金变卖了，成为当地的大富豪。

这一则故事阐明了一个道理：每个人的职业生涯都一定要把握好"坚持"与"变通"的尺度，要懂得该在什么时候坚持，该在什么时候变通，这样才能够抓住机会，随机应变，实现人生的最高追求。

坚持是成功的保证，变通则是成功的灵魂，我们只有学会在坚持自己梦想的同时，也学会在复杂的环境中适当地变通，才能够紧跟市场变化而发展，取得最终的成功。

芬兰是北欧一个不起眼的国家，但却有世界著名的企业诺基亚公司。

在1998年8月的一天，诺基亚公司总部一片欢腾，人们打开了一打香槟，热烈庆祝公司销售网覆盖国家的数量超过了麦当劳。

在当时，诺基亚以过硬的产品质量已经销往130个国家，比麦当劳多出了15个，而且还在10个国家建立了分厂，拥有5万多名员工，还在40多个国家设立了销售部，年销售额达到了1180亿瑞典克朗。

这些惊人的业绩的取得，与一个叫做"败家子"变卖家产的人是分不开的。这个"败家子"就是当时的诺基亚总裁姚玛·奥利拉。在1993年时，奥利拉就下命令：将移动通信之外的所有部门都卖掉，以专业取胜！

这个命令一出，立即遭到当时所有管理层的反对，尤其是那些老员工，大骂奥利拉是个十足的"败家子"。然而，奥利拉却始终坚持自己的决策，他认为诺基亚公司之前的发展模式太过陈旧，没有核心竞争力。如果能够适当地变通，卖掉繁杂的部门，坚持专业创新，这是取胜的关键。

决策下来，他就开始立即行动，他每卖掉一个部门，诺基亚的老员工就减少一些，随着放弃的部门相继被出售，诺基亚的队伍也变得越来越年轻。

很快的，所有的芬兰人都开始意识到"败家子"总裁这一创造性的决策是多么的英明，这一决策使诺基亚步入发展的快车道。奥利拉的这一个"壮士断腕"的大手笔，换来了诺基亚公司的空前成功。

在诺基亚发展的十字路口，"败家子"总裁能够在坚持企业核心产业的同时，减掉其他繁杂的部门，才使诺基亚走上了良性发展的道路，从而彻底改变了诺基亚的未来。

生活中，无论是企业还是个人，在发展的道路上，只有很好地把握变通与坚持的尺度，才能做出正确的决策，就能够在残酷的竞争中胜出。

04. 不要偏离自身的主体优势

我们先来看这样一个故事：

吉姆·罗杰斯是世界上最著名的投资大师之一，他也是著名的金融家、股市常胜将军。每当人们提及他，便会将它与财富联系在一起，因为他拥有富可敌国的财富。

除了投资，罗杰斯最大的爱好就是骑摩托车或开汽车周游世界。一天，他来到了纳米比亚，无意中看中了一颗漂亮的钻石，想买下来送给妻子。这颗钻石，价格当然不菲，店主说要7万美金才可。于是，他便凭着投资家的精明一再砍价，最终仅以500美金成交。当他回到家欢喜地将之送给妻子时，妻子只看了一眼，便说道："你上当了，这是假的。"他根本不相信，当他再次来到坦桑尼亚时，将这颗钻石拿给一个钻石商人看，钻石商人看后也大笑一番，说道："这哪里是钻石，只是玻璃球。"没想到，一个赫赫有名的投资大师，竟然在一颗钻石上面栽了个不小的跟头。

罗杰斯固然聪明，也很精明，但是因为钻石于他只是外行，所以才上了当。

这件事情对罗杰斯触动极大，他在给自己的两个女儿的信中这样写道：假如你涉入不懂的事物之中，你将永远无法成功。假如你对自己不了解的东西下注，这不叫投资，而只是赌博……

这个故事，给处于人生迈步阶段的人一个极深的启示：你想成功，一定要知道自己要做什么。不要随意涉足一个自己不熟悉的行业，这样最终你可能与罗杰斯一样，得到的也只是一颗玻璃球而已。

美国地产大亨唐纳德·特朗普曾经的失误在于过多陶醉于新闻界的吹捧，变成了媒体明星，而不再专注于其所擅长的生意经。有些体育明星在一炮走红之后，也会选择放弃体育行业而从事演艺业。但是，要知道，他们的优势在体育上，而并非演艺界。如果他们不能持续发挥关键的优势，那么，他们曾经获得的成功和荣耀也随之消失，最终使自己的后半生黯然失色。为此，在人生的迈步阶段，一定要随时强调和认清自己的优势，并努力去做，不要轻易涉足自己不懂的行业中，否则，你可能会一事无成，也可能会一败涂地，断送你曾经的成功。其实，无论在人生的哪个阶段，我们都应该以自身的优势为中心，确立主体目标，持续不断地发展自身的优势。这样才能将成功持续得更为久远。许多成功者，无不是在不断地发现优势，不断地用优势来校正自己行为而取得成就的。

乔羽先生是我国著名的词作家，其实，在1955年以前，他只是文坛上一个不起眼的作家，主要以创作各类文学作品，比如小说、诗歌等，但是几十年下来，却没有一部出色的作品。

176

在 1955 年，一个偶然的机会，他被邀为电影《祖国的花朵》创作歌词《让我们荡起双桨》，这首歌让他一举成名。自从那之后，有许多的影视导演都请他来写歌词。他也真正地意识到他自己的独特优势，他决定放弃其他类型的文学，专攻歌词一项，后来，成为中国从事歌词创作最为著名的作家。

在几年的时间中，他创作了许多著名的作品，比如《我的祖国》、《难忘今宵》等 1000 余首歌词，数量之多、质量之高，达到前无古人的地步。

由于乔羽先生意识到自己的主体优势，专注并发展自身的优势，才获得了巨大的成功。所以，在经营自己的事业的过程中，也要时刻清楚自身的优势在哪里，团队的优势在哪里，否则，就很容易迷失自己，走偏路。即使付出巨大的努力也不一定能有所成。

美国西北地区的一家保险公司在一期对新员工的培训中，最看好的是一位退役军官。他当过伞兵，服役表现出色，并与当地数百名军人保持密切的关系，而且他能言善辩，在哈佛大学获得了 MBA。他的经理对他寄予了很高的期望，希望他以后能大展宏图。

他工作十分努力。但是，几个月后的销售业绩，让人大为失望。培训经理让他分析失败的原因。他其实是完全按照培训的要求去做的：他倾听客户的需求，强调投保的收益，介绍了各种保险项目，表现实在好极了。然而，在向顾客要订单时，他却张口结舌，语速突然加快，重来一轮销售演说，却闭口不谈订单。他使顾客和自己都精疲力竭，却什么都没卖出去。经理发现了症结所在，"他无法成交。"

后来他参加了数月的成交技巧培训，却无济于事。他拒绝承认自己不擅长推销保险，决定转到另一家有"严格的纪律和更好的培训"的公司。他凭借自己出色的简历（加之新近获得的保险行业的经验），很快被另一家一流的公司聘用。刚开始几星期，他卖了几单，大受鼓舞。但是，好景不长，在与更多的客户握手言欢后，他的"噎住综合症"死灰复燃。他知道"羞于向别人开口讨要"是他的弱势，虽然他很善于言谈。但这一弱势注定他在销售领域很难有所作为。

但，他没有就此转移，选择自己具有优势的行业。而是继续规划工作和不断"修改计划"。他工作更努力了。但，他的弱势注定他付出的不能得到应有的收获。在强手如林的环境中艰难地拼搏了一年后，他没有取得想象中的成绩，反而信心大失，得了一场大病。

他在住院期间，终于悟出了自己失败的症因所在。从那以后，他再未回到保险业。现在，他在中西部经营一家马术训练场，生意相当火爆。而在那里，他再也不必张口问客人要订单。

误把劣势当优势是这个军官犯的最大的错误，他为自己的错误付出了很大的代价。所幸的是，这位军官及时转到另一个与他的优势相吻合的领域。可悲的是，有许多人、特别是那些笃信"只要工夫深，铁杵磨成针"的人，过于执著反而偏离了自己的主体优势，最终只能以失败而告终。所以，我们一定要认清自己的优势，当你发现了自己的真正优势，从而武装自己，踏上新的征途时，就会像前文提到的那个军官那样，你的生活就会掀开崭新的一页，你会更加成功、幸福。如果你执迷不悟，依旧选择与你的优势相悖的奋斗道路，那么你的一生就是一场令人扼腕叹惜的浪费。

05. 不断淘汰自己，每天更新自己

在竞争异常激烈的社会中，要想被社会所淘汰，就要先学会淘汰自己。用"淘汰自己"的精神去不断学习，每天逼迫自己去做一点点困难

的事情，好好把握今天，为明天创造成功的元素，会使你在不断进步的同时，将新的思想、技能用到自己的事业中去，促使自己在不断进步和超越中迈向最终的成功。

有"蓝球飞人"之称的乔丹，是美国 NBA 职业篮球队员。乔丹之所以能取得如此骄人的成绩，受众球迷的崇拜，是因为不断淘汰自己，更新自己的结果。

未成名前的乔丹只是一名普通的球员。有一次，在取得一场比赛胜利之后，乔丹就与同伴们沾沾自喜地畅说胜利的喜悦，而教练看到这些，并没有为他们感到高兴，而是将乔丹叫到一旁，对他进行了严厉的批评："你是一个优秀的有潜力的队员，但今天的赛场上面，你的发挥并不好，可以说很差，完全没有突破自己，你离我想象中的乔丹还相差甚远。要想在美国球队中一鸣惊人，必须时刻谨记：要学会自我淘汰，不断地淘汰掉昨天的你，淘汰自我满足的你，否则，你就无法进步，无法超越自己……"这话让乔丹感触极深，从此之后，他不断地更新自己，即便取得了骄人的成绩，也不自满，在自己的不懈地努力下，球技得到了迅速的提升，终于挺进了芝加哥公牛队。后来，就成为全美国乃至全世界家喻户晓的"飞人乔丹"。

乔丹的成功，正是因为他听从了教练的话，不断地淘汰"旧"我，完善和更新自我，最终走向了辉煌。

世界首富比尔·盖茨这样说，学会每天淘汰自己，不断地自我更新，自我挑战，是取得成功的必要精神。而他正是依靠这样的精神与信念取得了今天的成就。在事业经营的过程中，比尔·盖茨从不满足于现状，在他的理念之中，与其让竞争对手先开发新的操作系统，不如自我挑战自己，跑在对手前面，这样不但能够领先占领市场，主导市场甚至于垄断市场，同时也让其他对手难以跟上。聪明的人，都能够掌握好这个通往成功的法宝，通过不断淘汰自我，更新自我，与时俱进，做行业的领军人物。

现实中，通过不断淘汰自我，更新自我而取得一番大事业的人比比皆是。他们会在与他人的比较中，发现自己的劣势，不断淘汰自己的旧思想、旧观念，放下无谓的坚持，不自满于一时的成功，以全新的面目，积蓄更强大的力量，赢得本可能属于自己的成功。

当你因为一时的成功而沉溺于花天酒地，安于现状的时候，千万不要忘乎所以，时刻得提醒自己，历史的脚步不会因为自己的稍停片刻而停步等你跟上，它正一秒秒地滴滴答答地从你的身边悄然离去。你不能及时地淘汰自己，就会被别人所淘汰，这是社会"进化论"，也是市场生存的法则之一。

学会淘汰自己，是要你放下无谓的坚持，这样只会消磨你的意志，终究会迷失自己。学会淘汰自己，并不是要否定自己的成就，而是要你去积攒更强大的力量去赢得更大的成就。

成功总是垂青孜孜以求、不断挑战自我的人，永远不要相信自己已经是第一，已经无敌，这个世界没有永远的第一，你也只有不断地完善自己，淘汰自己，才能造就属于自己的成就，做自己心中的第一。

在事业的迈步阶段，不断淘汰自我，就是要淘汰掉成长的羁绊；学会淘汰自我，就是要学会淘汰自豪时的自满；学会淘汰，就是要学会放弃无知时的愚昧；学会淘汰，就是要学会淘汰人性中的自私与无知。学会淘汰自我，不断地为自己充电，不断完善自己，才能在稳定中求得发展，降低被市场淘汰的几率。

06. 将挫折和不幸转化为一种财富

在任何时候，失与得都是相对的，失即是得，得即是失。当今的市场变幻莫测，在事业的迈步阶段，偶尔的得失难以避免，我们应该拥有面临一切，战胜一切的勇气，才能让"失去"转化为"得到"，才能让"挫折"增强生命的力度，铸就辉煌的人生。

哈佛商学院的约翰·卡拉教授说道："我们可以想象得出，在 20 年前董事会在讨论一个高级职位的候选人时，有人会说：'这个人 32 岁时就遭受过极大的失败'。其他人会说：'是的，这不是个好兆头。'但是今天，董事会却会说：'让人担心的是这个人还未曾经历过失败。'"由此可见，在很多时候，失去也是一种得到，一时的挫折和不幸，可以转化为丰富的人生经验，砥砺一个人的性格，使其用坚强和韧性去铸就辉煌的人生。

有这样一个故事：

有一位渔夫，有着极高的捕鱼技术，因为他从小就善于捕鱼，所以，很早的时候，就积累下了一大笔财富。然而，随着年龄的增长，年老的渔夫一点也不快活，因为他经常为自己的三个儿子发愁，因为三个儿子的捕鱼技术都很平庸。

对此，他就向长年生活在海边的一位智者倾诉心中的苦闷："我总是搞不清楚，我的捕鱼技术是如此地好，而我的三个儿子为什么没有一个能够成才的？从他们懂事的时候，我就开始不停地将自己的捕鱼技术传授给他们，我总是从最基本的开始教起，总是告诉他们如何织网最结实，最容易捕到鱼，如何划船才能不惊动水中的鱼，如何下网最容易请鱼入瓮。他们长大之后，我又传授给他们如何识潮汐，辨鱼汛……凡是我多年来辛辛苦苦积累出来的经验，我都毫无保留地传授给了他们，但是为何他们的捕鱼技术还不如海边那些普通渔民家的孩子们！"

智者听了他的话，便问道："你一直是这样手把手亲自教他们的吗？"

"是呀，为了让他们学会一流的捕鱼技术，我教得很仔细，很认真，从来没保留过什么！"渔夫回答。

"他们也一直跟随你吗？"智者又问道。

"是的，为了让他们少走弯路，我一直让他们跟着我学习。"渔夫说道。

智者说："这样说来，你的儿子们的捕鱼技术就不会好到哪里去！你只知道传授给他们捕鱼技术，却从来没有传授给他们教训，也不让他们亲自下海多演练，没有历经任何挫折和艰险，如何能准确地领悟到你的那些经验呢？没有经历过磨难，哪里能真正地掌握捕鱼技术呢？"

渔夫的儿子们因为从未经历过任何的磨难，没有遇到过任何的挫折，他们是无法成长的。生活中，只有经历磨难的人，才能够更快、更好地成长，生命只能在不幸与困境中得以升华。在人生的迈步阶段，总会遇到灾难、失业、破产、疾病等等各种各样的厄运，即便你比较幸运，没有遭遇，也可能会遇到来自生活的各种各样的压力和烦心事，当你真正面对它们的时候，就一定要用一颗感恩的心去拥抱它们，正是他们才给予了你更多成长和锻炼的机会，才会让你以更为坚强的心态去面对生活中的一切。

事实就是如此，没有经历过风雨折磨的禾苗永远结不出饱满的果实，没有经历过挫折的雄鹰永远不能高飞，没有经历过磨难的士兵永远当不上元帅……这些就是自然界告诉我们的一个极为简单的真理：一切事物如果要变得更为坚强，就必须要经历一些不幸和困境，它是我们不断迈步的推动力。

美国第 32 任总统富兰克林·罗斯福的成功，很大程度上就是其不幸铸就的。

富兰克林·罗斯福天生是个结巴，说话总是断断续续而且含糊不清，天生容易紧张，每当有人与他说话，他的脸上总是表现出极为惊恐的表情，而且全身还不时地发抖。

如他一样年龄的小朋友如果遇到这种情形，一定会拒绝各种活动，可能也会离群索居，不会与他人交往，只会顾影自怜，唉声叹气。然而，小罗斯福却没有这样做，虽然天生容易紧张，但是他能够积极地面对人群，即便是同伴们嘲笑他，他也会不以为然。每次在紧张时，会坚定地对自己说："只要我用力地咬紧牙关，努力不颤动，不久我就能克服紧张的情绪了！"

小小年纪的罗斯福，每天总能够坚定地告诉自己说："这些缺陷算不了什么，咬咬牙努力克服，就能收获生命的精彩！"每当看到其他的小朋友活力十足地参与各种公共活动时，他都要强迫自己参加，无论自己的口吃会招致多少人的反感！当恐惧产生时，他都会对自己说："我一定能行！"渐渐地，他克服了自己的这些生理缺陷，并且凭着他对自己的这种奋斗精神与自信，最终成为美国总统。

对此，他说："交朋友是一件极为快乐的事情，只要我用快乐的态度与人交往，即便本身的外在形貌再差，人们也仍然会愿意与我交往的。因为每个人都喜欢快乐，不是吗？"

面对生理上的不幸，罗斯福并没有陷入悲伤之中，而是将之转化为生命前进的动力，最终收获了成功和快乐的阳光。生理上的不幸都能克服，只要我们内心是积极的，生活中的不幸又怎么能阻碍我们前进的步伐呢？为此，在人生的迈步阶段，当遇到突如其来的不幸时，千万不要自暴自弃，悲观厌世，只要内心充满积极的力量，一样能够获得精神上的自由与快乐。

亨利·福特这样说道："从挫折和磨难中崛起的成功者对那些事业陷入泥潭中的人是一个楷模，太多的人因为寻求安稳的职位，导致停滞不前，最终一事无成！"这也说明，经历磨难和挫折的人，表面上看上去是"失去"，实则是"得到"，从磨难与不幸中崛起的成功者，才是真正的成功者。这也正如莎士比亚所说："不幸酿就甜蜜。"失败与错误对于处于奋斗阶段的人们来说，都是不可避免的，从长远的角度来看，它带给人的并非仅仅是损失，而是极为丰富的经验和教训，很多人正是踏着这些宝贵的财富一步步登上事业的巅峰的。

07. 别轻易被失败击倒

在冰天雪地中历险之人都明白，凡是在途中说"我已经撑不下去了，让我躺下来喘一口气"的人，结果只有一个，那就是死亡。因为当他不再走、不再动时，他的体温便会迅速地降低，很快就会被冻死。在人生的战争上，如果你失去了跌倒后再爬起来的勇气，得到的结果只有一个，那就是失败！

本田公司创始人本田在他的传记中就曾这样写道："我的人生就是失败的连续。正是在与失败一次次的较量中，我才获得了最终的成功！"英国《泰晤士报》前总编辑哈罗德·埃文斯一生中曾经历过无数次失败，其中包括他在 80 年代中期对《泰晤士报》进行改革的失败。但他却从未在失败中沉沦。他说："对我来说，一个人是否会在失败中沉沦，主要取决于他是否能够把握自己的失败。每个人或多或少都经历过失败，因而失败是一件十分正常的事情。你想要取得成功，就必得以失败为阶梯。换言之，成功包含着失败。关于失败，我想说的唯一的一句话就是：失败是有价值的。因此，面对失败，正确的做法是：首先要勇于正视失败，然后找出失败的真正原因，树立战胜失败的信心，以坚强的意志鼓励自己一步步走出败局，走向辉煌。"失败是成功的入场券，它能教会我们如何寻求到经验与教训，是我们通向成功的必要的投资。

林肯，美国历史上一位伟大的总统，然而，他的伟大与辉煌正是在经历无数次的挫折和磨难中铺就的。1832 年，林肯失业了，这使他伤心不已。他曾经下决心要当政治家，当州议员，但令人担心的是，他竟然连一份养家的工作也丢了，这给了他巨大的打击。

接下来，他开始着手开办企业，但不到一年，企业又倒闭了。不仅赔光了所有的钱，而且还欠下了一大笔债务，以至于使他在之后17年的时间中，为生活到处奔波，历尽折磨。

随后，林肯决定参加竞选州议员，这次他成功了。他内心终于萌发了一丝希望，认为自己的生活有了转机："也许我要成功了！"

1835年，林肯想结婚了。但是，在婚礼前的几个月，他的未婚妻却不幸去世，这给他带来了巨大的精神压力。他曾经心力交瘁，数月卧床不起。1836年，他得了神经衰弱症。1838年，林肯觉得身体状况逐渐良好，于是决定竞选州议会议长，可他再次失败了。1843年，他又参加竞选美国国会议员，而这次仍然没有成功。他一次次地不断地尝试，但是一次次地失败。然而，他仍旧没有放弃，他知道，只要坚持，终会成功。在1846年，他又一次参加竞选国会议员，最后终于当选了。

两年任期很快过去了，他决定要争取连任。他认为自己作为国会议员表现是出色的，相信选民会继续支持他。但结果很遗憾，他落选了。

这次竞选，让他又损失了一大笔钱财。他曾经申请当本州的官员，但是州政府将他的申请退了回去，上面指出："作为本州的土地官员，要求有卓越的才能与超常的智力，你的申请未能够满足这些条件。"

接连又是两次失败。在这种情况下，林肯还会坚持继续努力吗？

然而，作为一个聪明人，林肯没有服输。1854年，他竞选参议员失败了；两年后他竞选美国副总统提名，结果被对手击败；又过了两年，他再一次竞选参议员，还是失败。

林肯尝试了11次，可只成功了2次。但他一直没有放弃自己的追求，一直没有被失败击倒。终于在1860年，他当选为美国总统。

海明威说："世界击倒每一个人，之后，许多人在心碎之处坚强起来。"成功者不在于跌倒的次数有多少，只在于总是比跌倒的次数多站起来一次；不在于没有失败，只在于绝不被失败击倒。林肯固然有许多承认失败的理由，但他是一个聪明人，面对困难他没有退却、没有逃跑，他坚持着、奋斗着。他从来就没有想过要放弃努力，他不愿放弃下一次的机会，所以他成功了。

在人生的迈步阶段，如果你一次没有成功、两次没有成功、三次还是没有成功，当面对着接二连三的一切时，你是否会放弃呢？其实，林肯遇到过的挫折和磨难，我们都曾经遇到过。把普通人打倒的并非是残酷的现实，而是我们自己。被击倒并非最为糟糕的失败，因为击倒之后可以选择重新站起来。

爱迪生是一个异常勤奋的人，从小就对电器产生了浓厚的兴趣，自从法拉第发明了电机以后，他就决心制造电灯，为人类带来光明。为了发明电灯，他试验了有上千次，失败了也不止上千次。

刚开始，他所遇到的困难是要寻找到灯丝的材料，他先用炭化物质做试验，失败后又以金属铂与铱高熔点合金做灯丝试验，还做过上等矿石和矿苗共1600种不同的试验，结果都失败了。

不过，失败并没有让爱迪生放弃希望，而是将那些"失败"丢到脑后，继续进行着自己的实验。后来，他用炭丝装进玻璃泡里，一经试验，效果很好。就这样，世界上第一批炭丝的白炽灯问世了。1889年岁末的晚上，爱迪生电灯公司所在地的那条街道灯火通明，这就是爱迪生的杰作。

虽然电灯发明成功，但是这种电灯依旧有很多毛病，大规模推广的可能性很难，这对爱迪生来说，依旧是一场失败。于是，他再次选择了继续进行钻研。后来有一次，他用碳化竹丝做成一根灯丝，结果比以前做的种种试验都理想，这便是爱迪生最早发明的白炽电灯：竹丝电灯。最后，爱迪生把炭化后的竹丝装进玻璃泡，通上电后，这种竹丝灯泡竟连续不断地亮了 1200 个小时。

就是为了这看似简单的电灯，爱迪生几乎把自己的精力都投在了试验上，仅植物类的炭化试验就达六千多种。可是，无论多少次失败，他都将失败的阴影抛到了九霄之外，大约经过五万次的试验，写成试验笔记一百五十多本，方才达到目的。

爱迪生小时候曾被人称作"傻子"，也许正是那份傻气，才让他拥有了永不放弃的精神，最终成为世界上闻名的发明大师。

其实，每个人的一生，都难免会遭受挫折与失败。不同的是，失败者总是将一时的挫折当失败，让自己深陷其中不能自拔；成功者则从不言败，在一次又一次的挫折面前，总是对自己说："我不是失败了，只是还没有成功。"一个暂时失败的人，如果继续努力，打算赢回来，那么，今天的失利，就不是真正的失败。相反的，如果你失去了再战的勇气，那么就是真的输掉了。

08. 不要让别人的目光将自己的梦想扼杀

《秘密》的作者向我们揭示了生命中的磁石，同时指出："对于你来说，没有什么限制，除非是你自己强加给自己。你就像鸟儿一样，你的思想可以从任何障碍物上飞过，除非你将限制加之于它们而束缚它们，或囚禁它们，或剪断它们的翅膀。没有什么可以打败你，除了你自己。"这就是告诉我们，命运主宰在自己手中，切勿受他人影响。

在奋斗的过程中，每个人都会面临一些选择，在这样的选择中，你会坚持走自己的路，还是在别人的目光下将自己的选择扼杀？意大利诗人但丁在《神曲》中的一句名言"走自己的路，让别人说去吧"，就是鼓励成功人士，要坚持自己，才能取得最终的成功。

鲁迅先生说过："我自己，是什么也不怕的，生命是我自己的东西。所以不妨大步走去，向着我自以为可以走去的路，即使前面是深渊、荆棘、峡谷、火坑，都由我自己负责。"这是一种清醒的执著，是在看清前途后的决断。一个人只有能够不断地坚持自我，才能达到成功的至高境界。

一位成功人士说起他成功的秘诀时说："我的成功，在于经常对自己说'别堕落，你没资格！'"他回忆道：在小学的时候，有一次我考出了好成绩，老师就送给我了一张世界地图，当时高兴极了。跑回家就开始看这本世界地图，十分不幸，那天刚好轮到我为家人烧洗澡水。我就一边烧水，一边在火炉边看地图。当我看到埃及的时候，心中兴奋十足，因为在学校的时候，就常听老师说埃及是个神秘的地方，有金字塔，有法老，有艳后。我当时就想，长大后一定要到埃及去。

然而，当我正想得出神入化的时候，爸爸就从浴室中冲了出来，身上裹了一条浴巾，大声对我说："火都熄灭了，你在干什么？"我说："我在看世界地图，听老师说埃及有……"可是，我的话还未说完，爸爸就生气地给了我两个耳光，然后说道："赶快生火，那地方有再多的东西，我也保证，你这辈子永远也到不了！"说完之后，就一脚把我踢到火炉旁边去。

面对这样的情况，我顿时惊呆了，扪心问自己："我爸爸怎么能给我这样奇怪的保证，这辈子真的永远到不了埃及吗？然而，我又想，这辈子我一定要到埃及去，证明爸爸的说法是错误的。

随后，在之后的 20 年中，我心中一直在告诫自己："这个世界上谁都可以堕落、颓废，唯独自己不能，否则，你一生就真的永远无法到达埃及！"于是，就不断地努力。有的朋友曾问我："你到埃及去干什么？"那个时候，还没开放观光，出国也是极为困难的。我曾经对朋友说道：

"因为我的生命不能被保证！"

经过20年的努力，终于有一天我到了埃及，就坐在金字塔前面的台阶上，买了一张明信片寄给爸爸。我这样写道："亲爱的爸爸，我现在在埃及的金字塔前面给你写信。记得小时候你曾经给我两个耳光，并保证我以后永远到不了这么远的地方。现在，我就坐在这里给你写信。也异常感激你，正是你的那个保证，让我这几十年来无论在什么样的境遇下，都没有堕落和颓废！"

成就自己，一定要勇于坚持自己的梦想。任何人的命运不能被别人保证，为此，在任何时候，都不要让他人的观点影响到自己的决定和梦想。

谨慎而理智地选一条适合自己的路去走，不管他人怎么说。既然是自己所选，就不要去管别人的说三道四。同时，无论这条路多么曲折崎岖，无论路上有多少障碍，我们仍然要一直走下去，扎扎实实地踏在属于自己的路上，最终，一定能够取得巨大的成功。

09. 适当地"逼"自己一把

有这样一则谚语："如果你想翻墙，请先把鞋子扔过去。"就是告诉人们，想达到目的，一定要学会去"逼自己"一把，将自己置于绝境之中，不给自己留退路，这样能够最大限度地激发你身上的潜能，取得最终的成功。

每个人都是有惰性的，也有巨大的潜能，能否抵达成功的彼岸，关键在于你的选择，是置自己于险境中挖掘和激发潜能，还是让惰性滋生蔓延。

美国有一个关于熊的故事片，讲的是熊猫和北极熊本来有着共同的祖先，但是因为地球气候的变化，同一祖先的熊就逐渐分为两批，一批转移到了中国四川的温带地区，而另一批就转移到了寒冷的北极地区。

按照逻辑，进入寒带地区的熊会被冻死、饿死，而在温带地区的熊则是极容易存活下来，但结果却恰恰相反。

到了北极边缘的熊，因为气候太过寒冷，它们就慢慢地学会了在冰冷的海水中游泳，而且还学会了潜入水下面，到海水之中去捕食鱼虾，甚至敢于与比自己体积还要大的海豹去搏斗……长期下来，它们的身体比以前更大更重，更凶猛，它们就是我们现在看到的北极熊。

而另一批熊到了温带地区的盆地之后，发现这里的肉食动物太多，而因为自己身体过于笨重，根本无法与别的肉食动物进行竞争，便决定不吃肉了，改为吃草。没想到这里的食草动物更多，竞争也更为激烈。草也吃不成了，便只好改吃别的动物都不敢吃的植物——竹子，这才得以生存下来。渐渐地它们把竹子作为自己唯一的食物来源。因为没有其他的动物与它们抢食，它们也慢慢地变得好吃懒动，体态臃肿不堪，就演化成了我们现在的大熊猫。因为后来气候的不断演变，大熊猫的适应能力越来越差，其数量也越来越少，几乎濒临灭绝，只能被关在动物园里，靠人类的帮助才能够生存下去。

这个故事告诉我们，尽管北极生存环境恶劣，但对于环境的努力适应，导致了北极熊强大的体魄和强大的生存能力。无数的生物学家都做过实验，同种生物放在两种不同的环境中，一种是非常舒适的环境不需要努力就可以获得食物和水，另一种是要通过努力才能取得食物的环境，最后的结果永远是生活安逸的生物不是早死就是病死。而在恶劣环境下的生物却过得非常快乐而且长寿。

人也是一样，那些不断将自己置于险境中的人，都是比较坚强有活力并能快速取得成功的人。所以，要快速地成功，就要时刻学着去"逼"

自己一把，多将自己置于险境之中，这里面蕴藏着成功。丘吉尔说过：你会发现，每一次巨大的成功，都不是在顺境、在朋友的帮助下实现的，而是威胁你的强大对手和巨大的压力在逼你成功。

"成功都是逼出来的。"创维总经理黄宏生在谈起今天的创维公司时，也仍旧会由衷地说出这句话。

哈佛商学院的课堂上，讲师曾给学生们出过这样的题目：一个负债一个亿的人和一个存款一百万的人，在15年之后，哪一个会比较富有？

答案当然是负债一个亿的人。因为负债一个亿的人，拥有足够大的压力，那种巨大的压力，会促使他想方设法去赚到一个亿。一个人跌下去有多深，弹跳起来就会有多高。那位负债一个亿的人，几乎每时每刻都在想："我现在如何才能赚到一个亿去还债？如何才能尽快地赚到一个亿？"他每天都会不断地思索这个问题，晚上睡觉还会想这个问题，甚至连做梦都会梦到这个问题。早上睁开眼睛的脑海中就会蹦出这个问题，甚至在刷牙、蹲马桶时，都依然会想到这个问题！可以说，这个问题已经成为他生命的全部了，他要激发全部的生命潜能与热情去完成它。于是，就能在关键时刻爆发出巨大的潜力和智慧，不断地向财富和成功迈进。

而那个有一百万存款的人，则不会这样想，更加不会这样迫切地想！一个月一次，已经相当不错了，而且就算他想，也不过只想知道如何赚到下一个一百万而已。

有多大的压力就能产生多大的动力，将自己置于压力之下，就能将自己"逼"向成功。科学家说，人在巨大的压力下，身体中会分泌出大量的肾上腺素，可以激发人无尽的潜能，可以促使人跑得更快，跳得更高，力量也会更强，从而做出惊人的壮举。当人处于顺境或宽松的情况下，是不可能突然暴发出这种惊人的潜能与做出惊人的成就的。为此，我们平时要多将自己置于险境或者压力之下，这样才能逼迫自己，一步步地走向成功。

史玉柱的"巨人"集团倒闭后，负债2亿元，在巨大的压力之下，5年后，史玉柱开始研究脑白金、黄金搭档，他不但还清了所有的债务，还赚了十几个亿。

丁俊辉，18岁便成为世界级的台球冠军，为了让他专心地学习台球，成为职业的台球手，父亲卖掉了家乡的房子，与他一起只能睡在宿舍走道的尽头，蹭了张床，木板隔出一个6平米的空间，全家3口只睡一张单人床，隔板之外，是宿舍楼公厕，闷热、蚊虫叮咬，厕所异味……他答应父亲一定要用台球杆为家人打回一套房子，正是这种强烈摆脱贫穷的欲望将他逼出来了。

马家军的女将们之所以能够取得巨大的成就，是因为教练马俊仁魔鬼般的训练法与不尽人情的禁令逼出来的：女孩子们禁止读书、读杂志、听音乐、不允许谈恋爱、不允许穿好看时髦的衣服等等所逼出来的。

只有适当地去"逼"一下自己，就能激发出潜能，获得成功。要成功，一定要善于给自己压力，并且去享受压力，没有经历过大困难、大磨难与大挑战的人，是很难成就一番大事业的。困难与磨难是我们前进的推动力，同时也是我们成功成长的阶梯，也是我们最好的导师与伴侣。没有失败的逼迫，就不会有成功的欢乐；没有一次次的跌倒，也无法历练出坚强的品格来。

催逼，会让你永不甘败落，增强你的信念；催逼，会驱散你的惰性，最大限度地开掘你的潜能。为此，生活中我们如果能够勤逼自己一把，就能加快成功的步伐。

10. 谨遵做人的 "加减乘除" 法原则

一个人要想成事，一定要会为人处事，即要谨遵做人处事的 "加减乘除" 法则。即深知自身的优势和劣势，并能利用一切机会去弥补自己的短处或缺陷，不断地做 "加法"，让自己更具竞争力；他们知道哪些工作能够做，但是却又无法做到最好，就会适当祛除，是在给自己的人生做 "减法"；他们也明白自己擅长哪些方面，会发挥自己能力的极致，让自己的天赋锦上添花，将这方面的工作做到让所有人都称赞，就是做乘法；同时，他们也深知哪些工作是自己最不擅长的，无论自己如何努力，都难尽人意，于是就会果断地放弃，这是做 "除法"。一个高明的职场达人，或者做事高手，都善于运用 "加减乘除" 四种方法，来锁定自己的职业和个人发展路径，最终获得巨大的成功。

那么，工作中，我们如何灵活地运用 "加减乘除" 法来锁定自己的人生定位呢？

第一，做加法，就是 "有所为"。

在工作过程中，一定要清楚自己的 "职业短板" 或者 "经验缺陷" 在哪里，哪些技能是防碍你个人发展的重要阻碍，并想尽一切办法或者争取各种机会努力去突破它，这样才能让你的职业发展之路更为畅通。

有这样一个故事：

有一位农夫一大早上起来就告诉妻子说自己要去耕田，当他走到田边的时候，却发现耕田的机器没有油了。原本打算要去加油的，但是又想到自己家中的三四头猪还没有喂，于是就转回家去。经过仓库时，看到旁边有几棵玉米苗，就想起自家田里的玉米苗现在可能正在发芽，于是又到了玉米地中去；途中经过木材堆，又记起家中需要一些柴火；正当要去取柴的时候，看到了一只生病的鸡躺在地面上……就这样，来来回回地跑了好几趟，这个农夫一直到夕阳西下，油也没有加，猪也没有喂，田也没有耕。最终，什么事情也没有做好。

类似老农夫这样的行为，工作中每天都在发生。更多人根本不清楚自己究竟应该做什么，应该把精力放在哪些方面，最终只是浑浑噩噩、碌碌无为地混日子，一生都一无所成。为此，我们一定要清楚自己的"职业短板"在哪里，然后找机会适当地加以弥补，才能让机会和成功垂青于你。

比如一个业务精英因为业务能力突出，被提升为公司的销售经理，这类人基层出身，业务纯熟，走上管理岗位之后，他的职业短板就是"管理"，如何带领团队。所以，要想在自己的本职工作上作出成绩，就必须要弥补这一块"短板"！

第二，学会做减法，就是"有所少为"。

学会做减法，就是要少去做那些不太能胜任的工作。有些工作可以做，但是不一定要做到最好，不能够有效地发挥你的个人优势，类似这类的工作，能减则减。生活中，很多人都是怀着"将就"的心态去面对他的工作的，为了获得可观的薪水，做着自己并不喜欢的工作，这样会丧失掉自己原本的快乐，在一个不太能胜任的岗位上勉为其难，给自己带来的只有痛苦，所以，我们应该及时舍弃。

第三，学会做乘法，就是"有所多为"。

学会做乘法，就是有所多为，重点是"做你最拿手的菜"，做你最擅长的工作，经营自己的长处，才能让自己成长得更快一些。比如有的人天生是谋略家，那就适合去做老板的助手；有的人天生是销售高手，那就应该到一线去拼杀，做业务；有的人属于工程师类型的，那就应该去搞研究。每一个职位都代表着专业上的优势，就需要不同的角色和岗位能力去匹配，一个人的事业规划，应该是向着能够发挥自己专业特长或者个人潜能的方向去不断地延伸。

有一次，我看了一个电视节目，讲的是老虎和狮子谁更厉害？狮子被人称为"非洲霸主"，老虎则号称"兽中之王"，都是大名鼎鼎的超级猛兽，他们居于食物链的上游，一个在草原，一个在森林，彼此不照面。让老虎和狮子相争，这个很难发生的场景，却很吸引人，两个"终极杀手"之间的竞争，谁会胜出呢？科学家们根据各种数据推测以及电脑模拟，如果在体能各方面相对同等条件下，老虎和狮子相争，狮子胜出的概率最高。为什么呢？原来，老虎喜欢单打独斗，它的突袭能力强，而狮子则是团队猎食，它们的实战经验多。在一个狮子兵团中，狮子能掌握更多的实战技巧，而老虎则要逊色一些。

这个节目给了我深深的震撼。群体协作是强大的象征，一个人要放大他的优势，最有效的办法就是在一个优秀的团队中获得足够多的实战经验。这也是为什么在一个大平台上，往往更能容易提升一个人的能力。我们要为自己的优势锦上添花，那我希望你尽快加入到一个优秀的团队中去。

第四，学会做除法，就是"有所不为"。

学会做除法，就是让你勇于剔除那些影响你向前奔跑的"赘肉"，就是要求你要勇于放弃不适合自己，自己不喜欢，或者给自己带来痛苦的工作或岗位，这些是你个人发展的拖累，要学着放弃。

毕业于北大中文系的刘忠，是一家电子公司的销售员，因为为人忠厚老实，而且业绩也做得极好，工作踏实，不久就被领导提拔做销售部主管。对于这样的职位，刘忠并不想去做，因为他自己并不善于管理他人，后来，耐不住领导的动员，勉为其难当上了销售部部门主管。

在这个职位上，刘忠干得很辛苦，但勉强称职。不久之后，上级领导就找他来谈话，要他出任销售部主管的职位。他当初很犹豫，但还是答应了，因为销售部主管这个职位薪水很高。然而，几个月下来，刘忠简直苦不堪言，他自己根本不善于做管理，尤其是协调上下级关系，而同时，他自己的销售工作也没做好，离他熟悉和擅长的工作越来越远。不久后他辞了工作，又到另一家公司开始从普通的销售员做起。

在奋斗的过程中，总有一些工作是你根本无法胜任的，所以，我们一定要勇于放弃那些自己根本没有能力胜任或自己不喜欢的工作，要学会及时调整，及时调头，千万不要再留恋。

在个人发展过程中，只有做好"加减乘除法"才能寻找到自己最佳的发展位置，才能最大限度地发挥你的个人能量或潜力，才能让你始终朝着正确的人生目标不断前进。

第九章

这 10 年，你一定要坚持的做人原则

01. 抬头做人，低头干活

网络上有人戏称，成事者都有"水鸭子"的做事方式：水鸭子在水中总是高高地仰着头，一副傲视一切的样子，这是一种气势。这并不意味着水鸭子就停止了前进，它的脚在水下拼命地划着，快速地向前行进。用通俗的话说，就是抬头做人，低头干活。

抬头做人，就是告诉我们，要有追求、有目标，要往高处走。具体到工作中，就是要不断给自己设定一个工作目标，激发自己不断向前，实现自己的人生追求。同时，也是让我们抬起头来，将眼界放远，望远，这样才能够憧憬未来，放飞自己的思想；望远，才能够紧盯理想之光，坚定自己的信念或者人生目标，才不至于被眼前的一时困难所吓倒，被一时的不快乐、痛苦所阻挠；也只有望远，才能够激发我们的前进动力，才能让我们积极进取，追求卓越。也是告诉我们要认真维护自己眼前的人际关系，而非局限于暂时的利益得失，这就是我们要达到的境界。

197

低头干活，就是让我们脚踏实地，扎扎实实，一步一个脚印；也就是说我们循序渐进，一步步让自己不断前进，直达事业高峰；同时，也是让我们遵从规律，服从大势，不做拔苗助长的傻事，也不拖延，养成"今日事今日毕"的习惯。

低头干活，其实是告诉我们一种做事的态度。因为只有认认真真地低着头做事，才能够全神贯注，也只有踏踏实实地低着头做事，才能心无旁骛地将事情做好。低头做事，就是冷静地用头脑做事，就是低调做事，就是专心致志地做事，就是从小事出发，做好手头的每一件事。

抬头做人，低头做事，是成就大事的必备素质，也是处于人生起步阶段的年轻人要历练的一种素质。很多普通的人，也正是遵循这样的处事方式，最终才取得了惊人的成就的。

列文虎克是荷兰一名小镇政府的门卫，守门的工作是极为枯燥乏味的，但是，他在这个岗位上却能够兢兢业业，最终打磨出了显微镜，具有极大的意义！

列文虎克是农民出身，但是从小他就有着远大的人生目标，就是要发明一种能看到微小物体的镜片。后来，他成了一个门卫，在普通的岗位上，他仍旧没能够忘记自己的人生理想，在工作中，他一不打扑克去消磨时间，二又不泡咖啡馆，又不去喝酒聊天，而是充分利用业余时间去打磨镜片。虽然打磨镜片既费时又费工，但是他却乐此不疲，兴趣盎然，就在这种日复一日，从不间断中，一直打磨了60年，他磨出的复合镜片的放大倍数超过了当时专业技师的产品。凭借着他自己打磨出的镜片，他又潜心研究，终于发明出了显微镜，最终揭开了当时科技领域尚未知晓的微生物世界的神秘面纱。凭借着这项伟大发明，他被授予巴黎科学院院士称号，最终声名大振。

由此可见，"抬头做人，低头做事"是普通人改变命运，走向卓越的重要法则。所以，处于人生起步阶段的我们，一定要抬头做人，拥有高远的眼界、目标，心中装着这个目标，低下头来，踏踏实实，兢兢业业，最终达到人生的顶峰。

人只要能抬起头来，就会不自觉地环顾左右，增宽自己的眼界，才能让自己知道，世界是宏大的，在这个宏大的世界中，不只是自己，还有别人，须与他人共同携起手来，才能更好更愉快地在世间生活；要知道，自己的对手无处不在，只有努力，才不至于落后。

同样的，人也只有在做事的时候，低下头来，才能专心致志，才能从细微之处做好每一件事情，才能在平凡之中取得惊人的成就。

02. 做人要留退路，做事要留余地

年轻人要为你的未来积累更多的财富和资本，就一定要坚持"给他人留余地，给自己留退路"的做人原则。很多时候，表面上是宽容了他人，而实际上也是为自己的未来铺路。

《菜根谭》中有句话说："人情反复，世路崎岖。行不去处，须知退一步之法；行得去处，务加让三分之功。"意思就是，人间的事情反复无常，奋斗的道路崎岖不平。在人生之路行不通的地方，要懂得收住脚步甚至退让一步；在走得过去的地方，也要给他人留三分的便利，这样才能逢凶化吉、一帆风顺。

为人太较真，做事太绝，都是在自毁退路！人不是生活在一时一刻，也不是与人只有一次的接触，聪明的人懂得给自己留退路，懂得给他人留余地。即便是面对敌人，也会宽容地放对方一条生路。表面是宽容了别人，实际上是在为自己铺路。

赤壁之战是三国一个转折性的经典战役。孙、刘联盟以少胜多，将

曹操的83万大军毁于一旦。战败之后，曹操只能在许褚、张辽、李典、徐晃等大将的保护下慌忙败走南郡。在华容道上，曹操在马上扬鞭大笑。众将忙问："丞相何故大笑？"曹操曰："人皆言周瑜、诸葛亮足智多谋，以吾观之，到底是无能之辈。若在此处伏一旅之师，吾等皆束手受缚矣。"话语未落，一声大叫，刘备的大将关云长拦住了他的去路。谋士程昱则对曹操说道："某素知云长傲上而不忍下，欺强而不凌弱，而且还恩怨分明，以'天下第一义士'著称。想当日丞相待他不薄，今只亲自告之，可脱此难！"曹操纵马向前，谈及昔日对关羽的恩情，令关羽无不动容，遂放了曹操一条生路。

后人在评价此事时，很多人都认为关羽太过愚蠢，当时如果一举斩杀曹操，就不会为其日后留下无穷的祸患。

其实，这是关羽的一种大智慧。当时曹操统一北方，在军力上勉强能与之抗衡的唯有孙权。当时，刘备还没有安身之地，势力太过弱小，如果曹操被杀，北方一定大乱，能得到好处的唯有孙权。同时，孙权还会集中兵力进攻刘备，到时候，即便军师诸葛亮有天大的本事，也没有办法挽救刘备的厄运。而如果当时放走曹操，让孙、曹两家拼杀，而刘备便可以坐收渔翁之利。

古人云：有志之人，不为一案而诱惑，终以目明而视。那么，今天的有志之士更应如此，不可因眼前一点利益而打破长远的计谋，不可因为当前一点点的诱惑而放弃未来。做人要有人情味，凡事留有余地，才能退可守进可攻。而那些将话说满，将事做绝，不留余地的人，也是将自己的未来推向绝路。

另外，凡事"让一步留三分"，不仅能给自己以后留一条活路，也是拓宽人际资源的绝妙之策。今天你让了他一步，明天他会还你两步，也等于交了一个朋友，在社会上打开一道通往成功的方便之门。同时，做人做事留有余地，不仅可以保持与他人良好的关系，在一定程度上，还能"化敌为友"，重建友情。这一点，《红楼梦》中的薛宝钗就很值得学习。

有一次，贾母召集大观园中的人猜拳行令、随意玩乐，黛玉无意中说了几句《西厢记》和《牡丹亭》中的艳词。这些书都是当时的禁书，而从黛玉这样的大家闺秀口中说出，如果被人留意，就会被人指责为大逆不道，有伤清誉之嫌。

然而，在当时，很多人都没有听出来，唯被宝钗记下了。然而，当时的宝钗却没有感情用事，图一时之快，借此机会让黛玉难堪。她没有宣之于众，给黛玉留了余地，也给自己和黛玉化干戈为玉帛提供了契机。

事后，在没人的时候，宝钗就私下里叫住黛玉，好言劝道："好个千金小姐，好个尚未出阁的女孩儿！满嘴说的是什么？"一副严厉的下马威，让黛玉紧张起来。

见状，黛玉只好求饶道："好姐姐，你别与他人说，我以后再也不说了。"

宝钗见她满脸羞红，再也没有追究下去，而是好言劝道："在人多的时候，一定要谨慎一些，以免授人以柄。"这样的话，让黛玉顿时对她产生了感激之心。

此事之后，宝钗果然守口如瓶，没向任何人提及过此事。

这让一向刻薄的黛玉改变了对宝钗一贯的成见，诚恳地对她说："你素日待人固然是极好的，然而我又是个多心的，竟没有一个人像你前日的话那样教导我……比如你说了那个，我断不会放过的；你竟毫不介意，反劝我那些话；若不是前日看出来，今日这些话，再不对你说的。"至此，宝钗和黛玉往日的隔阂也得到了缓解。

宝钗正是给黛玉留了颜面，留了余地，才得到了黛玉的感激，顺利地化解了两个人的隔阂。其实，关于为人处事留有余地，古人早有训导。南宋留耕道人的《四留铭》中有云："留有余，不尽之巧以还造化；留有余，不尽之禄以还朝廷；留有余，不尽之财以还百姓；留有余，不尽之福以还子孙。"明代文学家、政治家高景逸曾说："临事让人一步，自有余地；临财放宽一分，自有余味。"这些名言警句都告诉我们一个道理：为人处事，当留有余地，是给自己铺就退路。

凡事都是相辅相成而互相转化的，正所谓：弓满则折，水满则溢。流水有回旋的余地，才会减少灾难；江河有涨落的余地，才不至于泛滥。常听说"酒满茶半"的说法，其中之意想必是，茶道七分满，留下三分是人情吧。

所以，在任何时候，我们都不要把事情做得太绝，做事也不能够穷追不舍。你会发现，脚下的路其实是平坦的，人不是生活在一时一刻，也不是与人只有一次的接触，聪明的人懂得给自己留退路，懂得给他人留余地。这样，表面上是宽容了别人，而实际上也是在为自己铺路，否则，总有一天会置自己于死路，让自己无路可退。

03. 树敌过多就是自掘坟墓

年轻人，在社会上为人处事，要懂得：竞争无处不在，在任何时候，都要懂得"多个朋友多条路，多个敌人多堵墙"这个道理。为此，在任何时候，都不要与人为敌，否则，你前进的步伐便会举步维艰，处处遭到"墙"的阻挡，最终落得悲惨的下场。三国时的刘备便是这样的人。

吕布原是丁原手下的大将，因为受董卓的收买，随即便杀害了旧主丁原，投靠董卓。又因王允设美人计，随即又杀害了董卓。他虽勇猛无比，但在当时已经落得个"无情无义卑鄙小人"的恶名。

随后，吕布自在兖州彻底败在了曹操手下后，在走投无路的时候就投靠了远在徐州的刘备。刘备念吕布是员猛将，便收留了他，然而，吕布却不懂得感恩，反复无常，趁刘备、关羽去打袁术时，却占领了"恩人"的老窝，等刘备回来时，却只能够屈居小沛。从此之后，刘备对吕布可谓恨之入骨，自责自己当初引狼入室。

吕布占领了徐州后，想要在淮泗间东山再起，但却又与位于淮泗的另一大势力袁术有了矛盾。袁术不想与吕布为敌，知道吕布有一个女儿，于是想与他结为儿女亲家，吕布便随即答应了，但是吕布却又反复无常，在女儿出嫁到半路上时，却又听信陈珪的言论，反悔结亲，并杀了袁术派来的媒人，从此与袁术彻底决裂，成为仇人。

建安三年，曹操开始腾出手来讨伐吕布，在白门楼吕布战败，这个时候，他向袁术求救，结果袁术只派来一千兵马，不堪一击，撤退之后就不见其救援。曹操一举消灭了吕布势力之后，吕布被活捉，表示愿意投降曹操。并哀求曹操为其松绑，曹操笑说："捆绑老虎不得不紧。"吕布又说："曹公如得到我，由我率领骑兵，曹公率领步兵，可以统一天下了。"曹操是爱才之人，对吕布的话颇为动心，但是又有疑虑。

吕布见此，便向刘备求助道："玄德救我！"但是，因为早年与刘备结下了仇恨，刘备便对旁边的曹操说道："明公，您看见吕布是如何侍奉丁原和董卓的吗？"曹操听罢，便决定杀掉吕布，以绝后患。

吕布的悲剧在于他四处树敌！曹操乃惜才、爱将之人，吕布是当时的猛将，按常理说，曹操擒了吕布，吕布表示投降，应该免其一死，并委以重任才是。但是，因为其树敌过多，以至于自己一旦失势，没有一个人愿意向他施以援手，反而是借机报复，落井下石。最终，因刘备的一句话将之置于死地。

俗话说："天做孽，犹可恕；自作孽，不可活。"在现代社会中，很多人会计较一点小利，结果得罪许多人，树敌颇多，最终使自己处处难行。当然，每个人都不可避免地会与他人发生冲突，但是切勿采取强硬的手段，把事做绝，与对方彻底决裂或者与对方成为敌人。要知道，多一个敌人，就会多一分危险。如果你树敌过多，一旦你落难了，便没有人会愿意对你施以援手，甚至还会借机报复再狠狠地踩你一脚，这时你面对这么多"墙"，便真的是四处危机，无处可逃了。而相反，如果你能放宽心，得饶人处且饶人，留一点余地给得罪你的人，给对方一个台阶下，那么，日后你便会得到意想不到的好处。

刘丽与张英是工作上的合作伙伴，她们关系一直很好。有一次，她们俩合作共同为公司策划了一个大型的产品宣传活动。活动结束后，上司又让刘丽去外地办点其他的事情，让张英负责本次活动的总结与汇报的工作。

就在这时候，张英的孩子刚好生病了。张英也无暇把主要精力放在工作上了，如此一来，工作难免会出现差错。由于自己一时疏忽，张英在汇报时把工作中一个重要环节给弄错了。

当这份总结材料上交给部门经理以后，经理马上就看出了其中的问题，急忙找来张英。张英怕担责任，一时鬼迷心窍地就把责任推给了刘丽。

刘丽出差回来之后，经理没问清原因就劈头盖脸地训斥了她。刘丽当时很惊讶，她也想问清原因，但是看到经理生气的样子，她也没敢问。后来，仔细向其他同事询问，才明白了是怎么回事，然后才向经理解释原因，这才消除了误会。

这件事自然也传到了张英的耳朵里。张英自知平时与刘丽是好朋友，好合作伙伴，自那次她做了错事后，心里也十分愧疚，可是又没勇气主动找刘丽道歉，每天都只是躲着刘丽，生怕两人见面后出现尴尬。

刘丽了解到其中的原因，没有借机报复张英，而是安慰她说："张英，那次的事，你也有不得已之处，过去的事就让它过去吧，你别太在意了。"

　　刘丽对自己的宽容，让张英十分感动。从此之后，她就把刘丽当成自己的亲姐妹，与她共同奋斗。几年后，刘丽有了自己的公司，张英成为了她的得力助手。

　　和同事在一个办公室，难免会有矛盾发生。你今天得理不饶人，他明天可能会设法陷害你，会阻碍你前进的步伐。所以，不如自己宽容一些，多一分理解之心，主动放下怨念，就像刘丽一般，多了一个朋友，也是为自己留了一条后路。

　　"得饶人处且饶人"说着容易，但做起来却很难。面对他人对你做出的无理之事，我们难免会气愤，甚至会有"有仇不报非君子"的念头，但是如果此时你能收住咄咄逼人的脚步，宽容对方一次，放对方一马，来日就算他不报答你，也不会主动与你为敌，这样无形之中，你就少了一个敌人，就多了一条道路可走。

04. 以"屈"求尊，给自己铺个台阶

　　对于年轻人来说，在个人前进的过程中，难免会遇到不如意的情况，比如寄人篱下、受制于人等，这个时候，可以暂时收住前进的步伐，弯成一张能屈能伸弹性极佳的弓，以平和的心态和坚韧的性格去坦然面对一切。欲成就大事，需要经历风雨、阴暗，饱受挫折、饱尝磨难等，这些也是成事必备的素质。

　　我们都知道，蟑螂与恐龙几乎是同一时期的昆虫，但是恐龙却早已经绝迹，而蟑螂却仍旧存活至今，并且还大量地繁殖，是因为蟑螂在墙缝里可以存活、橱柜里可活、阴沟里也可活。同样地，一个人如果能在人生最为无奈，最为黑暗，最为卑贱和最为痛苦的时候，也能够像蟑螂

一样能屈能伸，以屈求伸的活下去，那么，何愁大事不成呢？

在奋斗的道路上，如果遇到进退两难的情况，懂得适时地忍让，换一种思维方式考虑问题，这未尝不是一种解决问题的有效途径。在走不通的地方，要知道暂时地忍让一步，让人先行，有可能转危为安，找到出路。

铃木集团是日本有名的大企业，但是集团总裁铃木太郎在创建这家企业之初，却遇到了很大的困难。

有一次，铃木太郎与西门子公司相关负责人进行谈判，双方陷入了困境之中。原来，西门子公司坚持技术使用费提成率要占到销售总额的8％，铃木太郎不赞成这一提案，经过艰苦斗争，最终把提成率降低到4％，面对如此过分的要求，铃木太郎不得不"忍"。

虽然西门子公司答应了铃木太郎的请求，但又提出新的要求，即把技术转让费定为60万美元，并且要一次付清。合同文本的主动权掌握在西门子公司手中，许多条款都是偏向西门子公司的，尤其是违约和处罚条款的订立，更加明显地有利于西门子公司，作为弱势的铃木公司，只能听从西门子公司的摆布。

对于这笔钱，铃木集团也极难一下子凑齐。当时铃木电器公司只是一个小小的公司，其总资产不到4亿日元，而60万美元的技术转让费，相当于2亿日元，这笔沉重的技术转让费，对于刚刚起步的铃木公司来说，的确是一个相当沉重的负担。

巨额的费用，让铃木太郎陷入了两难的选择。如果答应，公司必将陷入财务危机，一场灾难势必在劫难逃；如果不答应，则公司就会失去一次发展壮大的好时机。在这种形势对自己十分不利的情况下，铃木太郎高瞻远瞩地指出，退一步海阔天空，在自己还未壮大之前，一定要先学会忍耐。于是，他就采取了先吃亏后赚钱的策略，借人之手，从中渔利，大胆接受了西门子公司的苛刻条约。

由于铃木公司从西门子公司获得了最新研究成果，所以，当时世界上最先进的科技成果，几乎都有铃木公司的参与，这为他们的发展打下了坚实的基础。可以这样说，双方的合作使铃木公司开始确立了国际大公司的地位。

表面上看，一开始铃木集团似乎处于下风，做出了忍受、妥协和让步，但事实证明，铃木太郎才是这场没有硝烟的战争中最大的赢家。如果不是这次退让，那么铃木集团很难成为如今一家全球知名企业。

俗话说："小不忍则乱大谋。"真正有志向、有理想的人，不应该斤斤计较个人的得与失，更不应该在小事上纠缠不清，而应该高瞻远瞩，以开阔的胸襟和远大的抱负，忍得一时，赢得机会，成就大事，实现自己的宏大的梦想。

05. 百"忍"能成金

柳传志曾说过这样一句话："环境改造不了，你就努力去改造小环境。小环境还是改造不了，你就好好去忍受并努力适应环境，等待改造的机会。"对于年轻人来说，在前进的过程中，难免会遇到生存环境等不如意的情况，这个时候，如果你还没有改变的能力，那必须要学会"忍"。

有一句话叫"百忍成金"，说明忍耐是成功路上一种难能可贵的精神。忍让是判断一个人是否成熟的重要标志，欲想成为一个成功者，首先应该拥有忍让的度量，这是成就大事的必备素质。

在前进过程中，每个年轻人都想尽早成功，出类拔萃，可是现实中有许多东西是我们无法控制的，所以，学会适当地妥协和让步是一种生存的方式。"退一步"是一种妥协，更是一种策略，并非是屈服与投降，它其实是一种务实、通权达变的重要的智慧。对于人生来说，生存当然是第一要义，但是生存靠的是理性而非义气，你暂时的忍让，可以养精蓄锐，等待时机，重新筹划，这个时候才能让你行进得更快、更好、更有力。

秦朝末年，刘邦经过努力降服了秦朝降将塞王司马欣、翟王董翳等人，安抚好当地的百姓后，就以咸阳为据点，继续向东挺进，直到占领彭城。

因为战争一直进行得很顺利，全军将士都是沉浸在胜利的喜悦之中，他在没有防备的情况下，就被项羽率领的三万精兵击败。各位诸侯见到楚军锐不可挡，于是就抽身离开。

在无奈之下，刘邦唯有狼狈逃路，后来在濉水边被楚军追杀，被杀得溃不成军，幸好得到萧何、韩信前来增援，汉军才得以重整旗鼓，最终才将尾随的楚军击退。在此期间，刘邦的父亲不幸被项羽所擒。

公元前204年，楚汉双方在荥阳形成了对峙的局面。项羽因为骁勇善战，刘邦也只守不进攻。楚军数次截断汉军粮道，汉军处于即将绝食的状态。当时的荥阳更是危在旦夕，刘邦就乘天黑之时，在数十个骑兵的保护之下，才侥幸从西门逃走，保住了性命。

从荥阳逃出来之后，刘邦便又重整旗鼓，开始积极地备战。至公元前203年，双方再次陷入了对峙的状态，这次汉军占据了最终的优势。项羽就先以杀掉刘邦的父亲相要挟，让刘邦投降。但是，刘邦还是不肯妥协，并且还提出要单独决斗，一决胜负。

项羽英勇无比，猛发一箭便射中了刘邦的胸部。而此时的刘邦为稳定军心，假装被射中脚心，急忙之中就捂脚退进军帐之中。第二天，刘邦又忍着箭伤的痛苦，检阅军队，然后，在当天的黄昏便带着张良逃到成皋。不久，刘邦在养好了伤之后，又回到军队之中，又开始了与项羽进行生死较量。

正是因为刘邦忍受了一次次的失败，每次却都能坚强地回到战场之上，最终在垓下一战打败项羽，项羽因为无法忍受失败带给他的打击，最终自刎身亡。刘邦也最终夺得了天下，建立了汉王朝。

忍得一时的弱小，才能争取以后的强大。无论何时，这都是一个不争的道理。刘邦忍辱负重，一再收步，并且耐心等待时机，不是怯懦无能的表现，更不是遇难畏惧、临阵脱逃的借口，而是为了保存自己的实力，寻求不断壮大自己的机会。

忍耐是意志的磨炼，爆发力的积蓄，是无奈时的智慧选择，是暴风雨中明丽彩虹的酝酿，所以，在追求成功的道路上，我们一定要磨炼能"忍"的功夫，忍受失落、痛苦、屈辱与磨难，等待和把握好最佳的进攻时机，这样才能够叩开成功的大门。

杰克·富雷斯是美国独立企业联盟主席，可以说，他的成功与自己的"忍功"是分不开的。

杰克从13岁开始很想学修车，于就就在一家私人加油站工作。但是，店老板从不让他参与修车，而是让他打杂，接待顾客。

富雷斯后来回忆道："老板是一个极为苛刻的人，每次都不让人闲着。只要有车开进来，都会让我过去检查汽车的油量、蓄电池、传动带和水箱等。随后，还会让我去帮助顾客去擦车身以及挡风玻璃上的污渍，真是烦透了……"

一段时间里，每周都有一位老太太开着她的车来清洗和打蜡。那个车的车内踏板凹得很深很难打扫，而且这位老太太极难说话。每次当富雷斯给她把车清洗好后，她都要再仔细检查一遍，让富雷斯重新打扫，直到清除掉车上的每一缕棉绒和灰尘，她才会满意。

终于有一次，小富雷斯忍无可忍，不愿意再侍候她了。店老板却在一旁厉声斥责他说："你不愿干就赶快给我滚蛋，这个月的报酬也别想要了!"听到这样斥责的话，小富雷斯内心很痛苦，回家以后就将事情的原委告诉了父亲，父亲却笑着告诉他说："孩子，那本来是你的工作，不管老板说什么，你都应该好好忍耐，并努力将它做好，这会成为你日后人生的一笔财富，好好做吧!"

听了父亲的话，小富雷斯在以后的日子中，不管老板如何斥责他，如何刁难他，他都会忍着，并努力将事情做好。几年之后，富雷斯终于凭借自己的各种基本洗车技术以及其在顾客中的良好的表现，开了一家自己的店面，取得了最终的成功。

富雷斯的成功与他的"忍功"是分不开的，面对老板与顾客的种种刁难，他始终能够端正心态，埋头苦干，将事情做到最好，在屈辱中发奋向前，不断前进，最终与成功结缘。所以，想成就一番大事业，一定要修炼一身"忍功"，它是你迈向成功的基石。

忍耐只是一种权宜之计、人生手段，等待时机成熟，条件具备时，便可以由守转为攻，这即为古人所说的伸屈之术。

百忍才能成金。在成功的道路上，每一次的忍耐都是对自身意志的磨炼，都能让敌人因为暂时的胜利而冲昏头脑。金子是这样炼成的，英雄也是这样磨成的。为此，我们也只有学会忍，能够忍了，才可能将自己的追求与梦想变为现实，才可能做一番大事业!

06. 甘坐"冷板凳"

在前进的过程中，每个年轻人都是想尽早成就一番大事业，渴望得到良好的机遇。然而，机遇像夜幕中闪过的流星一般，可遇不可求。为此，在此之前的阶段，我们一定要能坐得了"冷板凳"，需要付出"十年寒窗无人晓”的努力。

“冷板凳”既硬又凉，长时间坐会经常感到不舒服，但也可以考验一个人的耐力与意志力。人们对待冷板凳的态度大抵可以分为两种：一为坐不了多长时间就收了不干，决然离开送他板凳坐的人；另一种是极富有耐心的人，他们一直能将冷板凳坐热，忍辱负重。相比较而言，前一种人则最终会一事无成。而后一种则是属于临危受命、大器晚成的人，他们的成功之路可能走得有些艰辛，但最终往往能取得比较惊人的成就，并且更容易受到人们的尊敬。

麦森是德国的一个不起眼的小镇，但却有“欧洲瓷都”的美誉，这里的陶瓷制品闻名世界。莫洛特是这座小镇上有名的制陶人。其实，30年前，莫洛特只是麦森陶瓷厂中的一名普通的垃圾清运工。

莫洛特刚刚来到这座小镇上的时候，有一名叫塞斯的意大利人是那里有名的制陶人。麦森陶瓷厂的生意完全依靠塞斯的几个徒弟去支撑。有一天，厂方因为与塞斯意见不合而发生了争执。塞斯一怒之下便回到了意大利。

而麦森陶瓷厂因为找不到更好的技师而被迫停产。厂内的高层领导急得犹如热锅上的蚂蚁。就在这时，清洁工出身的莫洛特站出来向厂方领导请示：“我能不能去试试？”

厂领导的头摇成了拨浪鼓：“就你？一个垃圾清运工，能做得了这种高级技师的活吗？一边待着去吧！”

莫洛特为了证实自己不是在开玩笑，就从自己家中拿来自己烧制的一个花瓶，一本正经地对领导说道：“您看一下这个花瓶，它与咱们厂的产品相比如何？”

所有的领导看过之后，个个都目瞪口呆，不约而同地问：“它真的是你烧制的？”

莫洛特坚定地点点头说：“是的。”

原来，这个在厂里干了近十年的垃圾清运工，他每天都在偷偷地学习塞斯的手艺，就连厂方正式委派去正式跟着塞斯的技术人员都没学到真东西，而莫洛特却都学会了。

于是，厂领导就问莫洛特道："你有什么要求，尽管提。"

莫洛特淡淡地说道："我现在的工资是每月10欧元，能不能多给我10欧元？"莫洛特见领导有些迟疑，他赶忙解释说："我依然还在做我的垃圾清洁工，我当然也可以兼职做技师，因为我的母亲患有极为严重的哮喘病，每个月需要10欧元的医药费，而我现在的工资只够勉强维持我家人的生活。"

原来，莫洛特非常羡慕那些学徒工，因为他们每月可以拿到20欧元的工资，而自己则只能拿到10欧元。为了向学徒们看齐，更为了能让母亲每个月都能吃上药，于是就偷偷地学起了烧制陶瓷的手艺。

领导听了莫洛特的解释，马上说："只要你能做得跟塞斯一样好，你不但可以不再干运垃圾的活儿，而且从现在开始，你的月薪跟塞斯一样，每月会给你10000欧元的薪水。"

在莫洛特的技术指导之下，麦森陶瓷厂终于又开始运转了。莫洛特，这位当初的垃圾清运工，连做梦也没有想到自己能拿这么高的工资。现在的麦森已成德国陶器重镇，而莫洛特的名气也远远地超过了任何一位顶级的技师。

显然，莫洛特就是一位将冷板凳坐热的人，他用了整整10年的刻苦学习与耐心等待，终于缔造了属于自己的神话，同时也得到了公司领导与同事的认可与尊敬。为此，对于每一位奋斗中的人来说，在成功到来之前，一定要拥有甘坐"冷板凳"的精神，这是成就大事业的基础。

心中有剑，可以伤人于无形；同样，心中有梦想，便能将"冷板凳"坐热。及时收敛心志，能够长久如一日地坐于寂寞之上，只因心无旁骛，专注于心中的目标。肯坐冷板凳的人多数都有着强烈的社会责任感，不计较一时得失，而看重长远的事业。坐冷板凳并不代表是赋闲，相反是在潜潜修炼，默默积蓄。一旦时机成熟，定会龙卷风云。

正如《亮剑》中的一段情节，李云龙刚被"逼"进南京军事学院学习后不久，被院长叫去办公室。院长知道李云龙在研究渡海作战的战法，于是就问了他一个如何攻打台湾附近一个小岛的问题。李云龙以为要解放台湾，便急不可耐地请求他的老师向上级求情让他带兵。这时，院长对李云龙说："屁股要坐得住，铁嘴、钢牙、木头屁股。坐着干什么呢？去体验，用心去感受，用胸去扩张。"这些话是一代军神几十年人生阅历的高度浓缩，也可以说是成就大事、立大业的秘诀之一。

其实，坐"冷板凳"考验我们的不仅是屁股的承受力，更重要的是在考验我们的心，一颗在孤独和寂寞的煎熬下依然奋勇拼搏的雄心。要知道，机会都是"熬"出来的，是靠忍耐之心等出来的。无论哪种情况，机会出现之前都是一段磨人难熬的日子。坐冷板凳是必须的，也是必要的，它是促使我们走向成功所必备的一种精神！

07. 学会退让，平和待人

平和待人，是一种心态，是一种美德，是经营个人人际资源的重要法则。秉持平和的心态做人，自然妥善地对待世间的人与事，既尊重自己，也可以赢得他人的尊重，这是低调做人、见好就收的要义。

宋代宰相韩琦，是个大度之人，曾经与范仲淹一同推进新政。起初，他在定武统帅部队时，夜间伏案办公，一名侍卫曾经拿着蜡烛为他照明。

那位侍卫因为不小心走神了，蜡烛抖了一下，刚好烧到了韩琦鬓角的头发。按常理说，侍卫拿蜡烛照明时走神，将统帅的头发烧了，是失职的行为，韩琦责备一句也是应该的，即使不责备，挨烧时"哎呀"一声也难免。然而，韩琦却没说什么，只是急忙用袖子蹭了蹭，忍着疼，又开始低头写字。过了一会儿，韩琦发现拿蜡烛的侍卫又换了人，韩琦怕主管侍卫的长官鞭打刚才那个侍卫，就赶忙将他们召来，当着他们的面说："不要替换他，因为他犯了一次错，懂得怎样拿蜡烛了。"就这样，军中的将士们知道此事后，无不感动佩服。

韩琦在镇守大名府时，皇上赐给他两只刚刚出土的玉杯，这双玉杯之中毫无半点的瑕疵，是稀世珍宝。韩琦视若珍宝，每一次大宴宾客之时，总是要先设一桌，铺上锦锻，将那两只玉杯放在上面使用。结果有一次在劝酒时，被一个官吏不小心碰到地上摔了个粉碎。所有在座的官员都顿时惊呆了，碰坏玉杯的官吏也吓傻了，趴在地上请求韩琦治罪。可韩琦却毫不动容，笑着对宾客说道："大凡宝物，是成是毁，也都是有一定的时数的，该有时它献出来了，该坏时谁也保不住。"说完之后，就转过脸对趴在地上的那位官员说道："你偶然失手，并非是故意的，何罪之有？"这一番话说得极为精彩，玉杯已经打碎，无论如何也无法恢复到原样，即便将对方责骂、痛打一顿也无济于事，而且还让自己徒然多了一个仇人。也会令当时所有的宾客都尴尬，让好好的一场聚会不欢而散，也会有损自己的形象。然而韩琦此言一出，立刻就博得了众人的赞叹，而那位官员也对其感激不尽，恐怕为他做牛做马也心甘情愿了。

兀代吴亮在谈及韩琦时说："韩琦器量过人，生性淳朴厚道，不计较疙疙瘩瘩一类的小事。功劳天下无人能比，官位升到臣子的顶端，但不见他沾沾自喜；经常在官场的不测之祸中周旋，也不见他忧心忡忡。不管在什么情况下，他都能做到泰然处之，不被别的事物牵着走，一生不弄虚作假。在处世上，被重用，就立于朝廷与士大夫们公平议事；不被重用，就回家享受天伦之乐，一切出自真诚。"

韩琦一生虽然都处于危险的境地，而又一直立于不败之地，这是为什么呢？也正如他所说："天下之事，没有完全尽如人意的，一定要用平和的心态去面对。不这样，连一天也过不下去。即便是与小人在一起，也要以诚相待。只不过在明白他是小人之后，少与他来往，就是了。"这也是韩琦处事高人一筹，临危而不败的重要秘密。

韩琦的这种以容忍的态度去对待周围的人，很多事情虽然小，但是影响却很大，上上下下一知晓，谁不愿意敬他三分，为他卖命呢？

为此，在生活中，我们也要以平和的心态去对待他人，学会忍让，这是你赢得好人缘的重要方法，也是为自己赢得机遇的重要方法。然而，现实中有一些人，他们总是有这样的习惯："得理不让人，没理搅三分。"不懂得忍让，让人下不来台，处处树敌，他在奋斗的过程中也可能会处处受阻，而如果你能大度让人，便可以获得意想不到的收获。

有一位中国妇人远离家乡来到美国，她在美国开了小店卖蔬菜。由于她的菜十分新鲜，价钱又公道，所以她的生意特别好。这就让其他摊位的小贩十分不满。大家经常在扫地的时候有意无意地都把垃圾扫到她的店门口。但是这个中国妇人十分大度，她并没有计较，反而每次都把垃圾扫到角落堆起来，然后把店门口清扫得干干净净。

她的旁边有一个卖菜的墨西哥妇人观察了她很多天，最后她终于忍不住了，便问她："大家都把垃圾扫到你的门口，你为什么不生气呢？"中国妇人笑着说："在我们国家，过年的时候大家都会把垃圾往家里面扫。因为垃圾就代表财富，垃圾越多就代表你来年会赚更多的钱。现在每天都有人把垃圾送到我这里来，我感激还来不及呢！这就代表我的财运会一直很好。我怎么舍得拒绝呢？"

墨西哥妇人听了之后就把这些话传到各个小贩的耳朵里，从此以后，再也没有垃圾出现在中国妇人的门口。

中国妇人将诅咒化为祝福的智慧令人惊叹，但是更重要的是她的大度和与人为善。她宽恕了别人，同时也为自己创造了一个和善的环境，和气生财就是这个道理，所以她的生意才会越做越好。倘若她采取消极的方式去对待，试想一个外乡人又怎么能斗得过这些本地人呢？针锋相对的后果只能让事情变得更加糟糕。所以说，大度为人，少一些计较，会让事情变得好起来，也会让人与人之间的关系更为融洽。

有的人在你辛勤播种的时候袖手旁观，但是在你收获的时候却毫无愧色地来分享你的果实，遇到这种人，就要学会大度，你做出一点牺牲但是却成全了别人的欲望。总比到最后两者相争要好得多。心胸狭窄的人总是抱怨不休，纵使他有天大的本事也难以有所建树。做个大度的人，你就会发现天地如此广阔。不要在彼此摩擦中浪费时间和生命，天地很大，比天大的是人的心胸。每个人都大度一些，生活就会变得和谐而美好。

08. 收敛气焰，该糊涂时且糊涂

对于二十几岁的人来说，年轻气盛，对未来充满了期待，难免会遇到不公平的待遇或事情，这个时候，如果你强硬地出头，站出来非与人争高低，论是非，这难免会给你带来一定的麻烦，或者十分不利于你个人的人际的积累。其实，人生难得是糊涂，对无关紧要的事情，与其强硬出头，睁一只眼闭一只眼，会让你免去许多麻烦。

清名士郑板桥说："聪明难，糊涂亦难，由聪明而转入糊涂更难。放一着，退一步，当下心安，非图后来福报也。"意思是说，那些绝顶聪明的人，不会去故意装糊涂，而是将自己聪明的锋芒收敛起来，而让自己糊涂起来，这是非常难以做到的。其实，这里的糊涂是一种忍让，是一种大度与宽容。对一些无关紧要的事情，我们不必斤斤计较，应该做到能让则让，能忍则忍。有时候，睁一只眼闭一只眼，会省掉许多的麻烦，关键时刻还能保全自己，甚至还可以伺机而动。因此，其实很多时候，"装糊涂"要比"装聪明"聪明得多。

春秋时期卫国有个有名的大夫叫宁武子，一生辅佐了卫文公和卫成公两代君王。

在卫文公时，国家政治极为清明，社会安定。这时候，宁武子表现出了超人的智慧与能力，几乎已经成为当时卫国的"第一聪明之人"。然后，到卫成公的时候，国家政治黑暗，社会混乱。宁武子作为当朝大夫，则表现得异常愚蠢鲁钝，好似自己什么都不知道，看上去只像个"白痴"一样。不过，就是这个前朝聪明，后朝糊涂的人，则是安然地过完了自己的一生。

其实，他后面的糊涂都是装出来的，不是真正的糊涂。

其实，国学大师南怀瑾是十分推崇宁武子的这种"难得糊涂"的处世哲学的。他认为，宁武子在前朝所表现出来的那种聪明才智，是有人能够做得到的。然而当他处于乱世之中，将自己的聪明收敛起来，那就很难有人做到了。

在政治清明的时候，他将自己的才能表现出来，应该遭到了不少人的妒忌；而到了社会政治黑暗的时候，他能收敛起自己的聪明，表现得庸庸碌碌，没人能打击他，也没有人仇恨他。他的这一点修养与性格是很多人很难做到的。

的确，我们多数人都是聪明的，然而，正是这种聪明让我们工于心计，斤斤计较，使我们的心灵沾染上了过多的烦恼和痛苦。我们要想收敛起自己的聪明锋芒，做到糊涂处世、宽容忍让、笨拙无能的样子，就很困难了。

《论语·为政》中讲述道，孔子的弟子颜回因为看起来很是"糊涂"，所以才深得恩师孔子的喜爱。他表面上看上去唯唯喏喏，迷迷糊糊，其实他在用心劲，所以课后他总能把先生的教导清楚而有条理地讲出来。这种糊涂并非是真的糊涂，而是一种虚怀若谷，宽厚敦和，不露锋芒，甚至有点木讷的性格，这样的人历来都受人喜欢，这种糊涂中隐含的其实是真正的大智慧和大聪明。

有时候，收敛个人气焰，糊涂一些是人与人交往的润滑剂，可以让别人消除对自己的距离感，让自己变得更亲切。有时候，糊涂是做事情时的小窍门。过分的较真，过于追求完美，有时候反而会适得其反。糊涂方式可以让我们置身事外地去分析问题，解决问题。这种糊涂不是无知或是不明白，更多的是一种大彻大悟的理解，是一种大智慧。

《菜根谭》的原文有这样几句话："涉世浅，点染亦浅，历事深，机械亦深，故君子与其练达，不若朴鲁，与其曲谨，不若疏狂。"南怀瑾解释道："涉世浅"，是指年轻人刚入社会，入世不深，污染也不深；"历事深"，是指人生经历的事情太多，机械亦深。他所说的这个机械是指那些有心计较的妄想，所谓机关算尽，徒生的烦恼也会越多。所以，他下面所说："故君子与其练达，不若朴鲁，与其曲谨，不若毓狂"，就是我们通常所说，做人过于通达、较真儿的话，反而不如在有些地方马虎和糊涂一些的好。尤其是在与人交往的过程中，更要学会糊涂一些，尤其是对于那些根本无伤大雅的小问题，没必要非要与他人去较真儿，否则，只会给自己徒增烦恼与忧虑，羁绊自己前进的步伐。

09. 该低头时且低头，别拿鸡蛋去碰石头

对于二十几岁的年轻人来说，拿鸡蛋去碰石头，这是为人处世的大忌。也许一时之间，你会感到痛快淋漓，可是事后你却会发现：这种不理智的心态，将自己逼到了悬崖之边。

中国有这样一句歇后语：鸡蛋碰石头——自不量力。就是告诉我们，在前进的过程中，遇到强大的对手或者当自己处于劣势的时候，不能以硬碰硬，要学会收步，让步，以一时的低头，换来来日的发展或者东山再起。否则，如果以弱抗强，只会撞得满头血，让你一败涂地，再也没有翻身的机会。

然而，许多人在奋斗的过程中，却不懂得这个道理，尤其是年轻人，总是一腔热血，哪怕对方如何强大，自己也不肯退让。表面上看，这样的行为好似很"英雄"，但这却折射出了他的心智"不成熟"，难以担当大任，更难以成就大事。

唐代一代名臣狄仁杰，之所以能够在武则天专权时如鱼得水，关键就在于懂得及时"低头"的道理。当时，武则天专权后，为了给自己当皇帝扫清道路，先后重用了武三思、来俊臣等一批酷吏，顿时朝野上下，人人自危。

一次，酷吏诬陷狄仁杰等人有谋反的动机，来俊臣先将狄仁杰逮捕入狱，然后上书武则天，建议武则天降旨诱供。狄仁杰突然遭到监禁，来不及与家里人通气，更没有机会面奏武后说明事实，心中感到紧急万分。

在审讯的日子中，来俊臣在宣读完逼供的诏书，就见狄仁杰已伏地

求饶。他趴在地上一个劲地磕头，嘴里还不停地说："罪臣该死，罪臣该死！大周使得万物更新，我仍坚持做唐室的旧臣，理应受诛。"

见狄仁杰及时招供，来俊臣即判了他个"谋反是实"，免去死罪，听候发落。

来俊臣离去后，狄仁杰开始了自己的计谋：他先拒绝了判官王德寿的利诱，接着一头向大堂中央的顶柱撞去，顿时血流满面。王德寿见状，吓得急忙上前将他扶起，送到旁边的厢房休息。

眼见王德寿走出，狄仁杰急忙从袖中抽出手绢，蘸着身上的血，将自己的冤屈都写在上面，又将棉衣里子撕开，把状子藏了进去。一会儿，王德寿进来了，见狄仁杰一切正常，这才放下心来。

后来，武则天通过那份血书查明了真相，释放了狄仁杰。她问狄仁杰："你既然有冤，为何承认谋反呢？"狄仁杰回答说："我若不承认，可能早就死于严刑酷法了。"武则天听罢，这才明白原来他这是为了保命，在不得已的情况下作出的策略。

狄仁杰的故事告诉我们，在遇到比自己强大的对手的时候，要控制住刚强直率的性格，及时收步，学会低头，这样才能在保全自己的基础上以图日后更大的发展。否则，若不懂得迂回之术，以硬碰硬，则只会让自己吃亏，让原本能够翻盘的机会也付之东流。

对于年轻人来说，适时的让步、低头的策略是必须掌握的。特别是在处理和上司的关系的时候，千万不能拿鸡蛋碰石头。卜级冲撞领导，一般都会使用比较过激的言辞，特别是一些很伤感情的过头话，这些话会像一把把尖刀直刺向领导的内心，这势必会惹得他怒火中烧，大发雷霆，视你为敌。

尽管你认为，这么做是出于忠心，可是因为你的言语不当、态度生硬，反而会使领导认为你一直心怀不满。他会想："这家伙隐藏得好深，竟骗过了我！原来他一直对我有意见.一直是三心二意，今天终于暴露出来了！"一种算总账的仇恨就会像火焰一样烧起来，以至于失去冷静的分析。如此一来，于人于己都没有什么好处。

另外，在生意场中，在遇到强劲对手的时候，也要学会让步、低头。当然，妥协也只是暂时的，不是最终目的，而是要以退步赢得时机，休息静思，想出奇招，在保全自己实力的情况下，使自己获益。因为必要的收步，忍让可能会换来更大的利益，万不可在经营不利的情况下，盲目地行事或与对手硬拼，一定要暂时地收步，寻找更好的机会，等待机遇，再进行竞争，反败为胜。

英国福利尼友公司经理百柯在经营企业过程中，有一个最基本的信条，即为"不拘泥于体面，而是以相互间的利益为前提。"依据这样的信条，他在企业经营与生意谈判中，如果遇到强敌，就经常采用退让的策略。在万不得已的情况下，他甘愿妥协让步，以赢得时机发展自己，结果可能是暂时的退一步，最终却能够向前迈两步，实质上还是自己获益更多一些。

福利尼友公司曾经很早就在非洲东海岸设立了一家分公司，因为，那里有十分丰富的肥料，并非常适合于栽培食用油原料落花生，对于福利尼友公司来说那里确实是一块宝地，也是公司的主要财源之一。二战之后，随着非洲民族独立运动的大规模兴起和发展，公司所在的那块肥沃的土地被非洲国家没收，这使得该公司面临极大的危机。针对这样的情况，百柯就采取了暂时退让的策略。他对非洲公司发出了六条指令：一，非洲各地所有公司系统的首席经理人，都启用当地的非洲人；二，取消黑人与白人的工资差异，实行同工同酬；三，在尼日利亚设立脚点经营干部养成所，重点培养非洲干部；四，采取互相受益的政策；五，逐步寻求生存之道；六，不可拘泥于体面问题，应该以创造最大的利益为要务。并且，在与政府的交涉之中，为表示对对方的尊重，还将栽培权交给加纳的政府，从而获得了政府的好感。就这样，百柯通过暂时的让步，获得了加纳土地独占专用权。然而，几年之后，福利尼友公司通过自身的发展实力已相当雄厚，已经成为当地的经济支柱与重要的就业渠道。看到时机成熟，福利尼友公司的相关负责人突然提出了要撤离此地，这给加纳政府以沉重的打击，为了发展当地经济，加纳政府主动放弃福利尼友公司之前主动列出的一些非常不平等的条款，比如非洲各地所有公司系统的首席经理人，都启用当地的非洲人，而是让公司资格老练的能者担任。

他的这种坦诚的态度反而使几内亚受到感动，因而允许百柯的公司留在几内亚。在同其他几个国家的交涉中，百柯也都采用了退让政策，从而使公司平安地渡过了难关。

生意场中，必要时的收步、退让和低头，可以为你换来更大的利益；如果一味地咄咄逼人，则有可能使你陷入死胡同之中。当然了，退让，低头策略的运用，一定要适时，又要得体，同时也要掌握对方的心理状态与心理变化，使自己有必胜的信心。另外，要有长远的战略眼光，要对自己控制局势的能力有个正确的评估，这是制胜的关键点。

总之，当遇到无力改变的事实的时候，暂时的低头，是为了将来的"高成"，这是一种成事方略，也是克敌制胜的重要法则。

10. 别让自己成为众矢之的

"枪打出头鸟"，"出头的椽子易糜烂"，这虽是一句古训，但它仍旧适用于当下。其实是告诉年轻人，一个修养高深的人，处于混乱无序的环境中时，最好不要过于显露自己，坚守自己志向的同时，要善于隐忍，别让自己成为众矢之的。

生活中，有些人会因为言语过于张扬而得罪他人；有些人会因为行动锋芒太露，惹得他人的妒忌；无论是如何得罪了他人，还是被他人所妒忌，都会增添前进的阻力。如果你的四周都充满了阻力，那么，你已经成为众矢之的，无论做什么都会寸步难行。所以，欲取得成事，低调是极好的为人方法；欲想成就大事，低调为人是必不可少的。

三国晚期的诸葛恪，是诸葛亮的哥哥诸葛瑾的儿子。他是名门之后，家教十分严格，在极小的时候，就展现了敏捷的思维与过人的才华、天赋，大家都觉得他的才能远远地超过了其父诸葛瑾。然而，诸葛瑾不为有这么一个好儿子而感到兴奋，反而觉得诸葛恪会给家族带来灾难。

这是为什么呢？诸葛瑾说："诸葛恪性格太过急躁，刚愎自用，而且十分喜欢表现自己，锋芒太过外露，终会给家族引来大的灾难。"果然不出父亲所料，诸葛恪独掌大权之后，独断专行、以才压人，认为自己什么都是最好的，目中无人，最终引起了众怒，成为众矢之的，被大臣们设计陷害，牵连家族遭到诛灭。

在这个世界上，才华出众者往往会受到排挤，如果你怀才而不知收敛，还逢人吹嘘，骄傲自大，生怕别人不知道自己，这样只会把自己树成人人想打的活靶子。就像诸葛恪一样，四处张扬，傲慢十足，最终成为众矢之的，落得个悲惨的下场。

在经过几年的奋斗之后，每个人都希望自己能够善始善终，但是能够真正做到的却极少。为此，保持低调、谦虚谨慎不失为一种保全自己的好方法。即行事不张扬，能与他人打成一片，保持中庸，这是一种高明的处事方法，也是成就大事的法则。

然而，生活中很多人却不懂得这个道理，尤其在现代的人际交往中，不懂得收敛自己，自以为是，最终成为人人攻击的对象。

刘朱毕业到了一家杂志社上班，进单位前一段时间还表现甚好。但与单位的其他同事熟悉些之后，就大谈自己在学校里的"光荣史"，并无意间冒出一句"像我这类文采飞扬的人将来一定会在这里成为上上人"的话。其他的同事闻之大为反感，心想，你是上上人，还调到我们这里干什么？于是，同事们群起而攻之。

结果没到三个月的试用期，刘朱就受不了压力，最后不得不选择了辞职。

试想，刘朱在初进单位时，如果可以凡事谨言慎行，与同事亲切交流并适时求教，较多地将精力放在工作中，就会给别人留下一个沉稳谦逊的好印象，不至于受到同事的一致排挤。

在很多时候，吹嘘炫耀可谓称得上是一种自杀行为。在人际交往中，你的这种行为会让所有的人对你产生厌恶，甚至是嫉恨。因此，我们就应当尽量杜绝这样的行为，努力以一种谦虚的态度与朋友相处。

想要在众人面前保持谦虚，给人立刻留下良好的印象，我们主要努力做到以下两点：

1. 保持低姿态。

要知道，谦虚的人恪守的是一种平衡关系，即周围的人在对自己认同的基础上让彼此都能达到一种心理上的平衡，这些人不管在任何情况下总是会保持一种低姿态，不会让别人感到卑下与失落。非但如此，他们还会在适时的时候让别人显得比自己高贵，让他人产生优越感，使对方得到一种心理上的满足，从而使其消除对自己的戒备，使他人更乐于与他合作。

有不少人认为，低姿态的人用一个成语来形容最贴切，即"大智若愚"。表面看上去谦虚、低调的人，事实上却是极其聪明、对工作极其认真的人，更能得到朋友信赖。因此，我们在众人面前，一定要尽力地保持低姿态，这更有利于自己在第一时间树立自己的良好形象。

2. 不要过度膨胀。

在生活中，很多人都有这样的行为习惯：只要有了成绩就会按捺不住自己的情绪，开始在别人面前不停地吹嘘自己。诚然，这种心态本身并没有错，但是却能让旁边的人遭殃，他们要默不作声地忍受你的嚣张气焰。渐渐地，他们就会在工作或生活中有意无意地抵制你，不再愿意与你合作或是对你提供帮助，你虽然得到了荣耀却失去了人缘，这是非常不值得的。你要知道，荣耀和功劳只是暂时的，而人际关系却可以长期地对你发挥作用。所以，我们在生活或工作中，即便是有什么优势或取得了什么样的成绩，一定不要张扬，要尽可能地谦虚。别人看到你的谦虚，也会觉得你是个能成大事的人，将会主动与你结交。

　　总之，在生活中，我们一定要真正地做到谦虚，正确地看待和评价自己，不盛气凌人，而且在适当的时候，还要学会主动降低身段，这正是保全自己，赢得人气的办法之一。正如《礼记·曲礼》上所说："傲不可长，欲不可纵，乐不可极，志不可满。"凡事都要讲求度，这样才能让人对你产生好感，赢得更多人的帮助和喜爱。

第十章

这 10 年，你应如何打理你的财务

01. 要想有 "财"，先提升你的财商

"我自己在 7 岁的时候就会用自己的劳动赚钱了，只是编织些手工用品去为自己赚取一些零用钱——而事实上这些做法并没有人来告诉我，完全是自我意识！"

凯特对她的朋友说，自己在 7 岁的时候就开始为自己赚取零用钱了，而且完全是出于自我意识。其实，这就说明人都是有很好的创富能力，也就是所谓的财商，只是没被挖掘出来罢了。有的年轻人这时可能会问：我只知道智商和情商，财商具体是指什么呢？

"财商"顾名思义就是一个人在财富方面的智商，英文表达为 Financial Quotient，简称 FQ，它与智商 IQ、情商 EQ 并驾齐驱，被称为现代社会能力三大不可或缺的素质。FQ 是一种理财的智慧，表现为一个人认识金钱和驾驭金钱的能力，这种能力又包括两个方面：一是正确认识金钱及其规律的能力；二是正确运用金钱及其规律的能力。它反映了人作

为经济个体在经济社会中的生存能力，所以在人类生存和发展中是不可或缺的。

财商是一种强大的创富力量，它可以让你的财富从无到有，从小到大，从大到强，大部分富有的人都是高财商的人，即便他们的学历很低，出身贫寒。

白荫家在农村，姊妹很多，算是贫穷之家。她个人没有上完小学就回家帮父母干农活了，后来她到一家染织厂工作，在灯芯绒生产线上工作，灯芯绒也就是老百姓常说的条绒布。

在白荫的车间中，有一道刷绒工序，棉布经过齿轮挤压可以刷下大量的棉毛，最后变成一个棉球。白荫发现厂里有许多职工都用这种棉球去作枕芯，枕起来也非常舒服，但是厂里平时却将这些棉球都当废品扔掉了。白荫想，如果拿它去做枕芯卖，岂不是能变废为宝？

随后，白荫就尝试着拿棉球做了几个枕芯，拿着去了城区的两个大商场。商场老板看到她的枕芯做工精细，当场就要了货，尽管只是代销，但是让白荫找到了创富的良机。当时白荫算了一下，做一个枕芯的成本费大概只需2元钱，卖价为10元，利润是十分可观的。两天卖出去了有10对，白荫共赚了几十块钱，很兴奋。于是，她就产生了回到家中专门做枕芯的念头。

白荫从小就会缝纫机，她就借钱租了3间平房，开始了自己的创富之梦。她每天到原来的染织厂里帮忙清理棉球，再运回自己的工厂开始生产。加工枕芯很简单，她一天能做30个左右，后来还雇佣了几个人一起做，而且在商场里的销售量很好。接着，她又联系了几家大的商厦，也为她代卖。后来，她又改变枕芯的工艺，放一些海绵在中间，使枕芯变得更富有弹性。同时，她又给枕芯起了一个名字"好梦枕"，又打上广告语"枕好梦，好梦自然来"，然后又附上说明书，再用一些包装材料一套，就成为一个商业成品了。当然在这个过程中，白荫变废为宝的举动也的确为她带了十分可观的利润，她还不断地更新工艺，推出了一系列的床上用品，如今她也成为全国闻名的创业明星了！

白荫能够将工厂中的废品变成商品，为自己赚得财富，说明她具有极高的财商，而她所获得的财富正是自身的财商所带来的。财商的创富力量是巨大的，所以，年轻人要想创富，就要努力去开掘和提高自身的财商。有些年轻人可能会说：我没发现我有什么财商，我如何去挖掘或提升我的财商呢？好吧，如果你认为你的财商不够高，不妨从以下四个方面开始入手：

首先，掌握财务知识。年轻人虽然对数字不陌生，但是可能会不太敏感，但是，你一定要让自己敏感起来，因为你的财富就是用一个一个的数字来计算的。尽管财务报表比言情小说和偶像剧枯燥得多，但是如果你想让自己拥有更多的财富，这些知识你就必须掌握。

其次，熟悉投资战略。"用钱生钱"说白了就是一种投资的科学战略，如何让自身少量的财产繁殖衍生出更多的财富，就需要依靠有效的投资来实现。而投资战略的部署直接关系到你投资的成败与否。所以对于投资的战略，年轻人一定要熟知。

再次，了解供求关系。这不仅仅是针对做生意而言，理财同样需要你用市场的眼光去审时度势。只有你足够了解市场的供求关系，才能让自己的投资方向更加明确，比如你的股票和基金应该投入哪个领域。

最后，遵守法律法规。想让自己的理财计划在正常的范围内不会受到各种干扰和利益的侵害，就要了解理财的各项法律和规章制度。既能拿起法律的武器保障自己的权益，又可以在制度的保护下让自己的理财之路更加顺畅。尤其是"新手上路"，只有乖乖地遵守"交通规则"才能让前方的道路畅通无阻。

这四个方面是理财的一个必经过程，也是挖掘和提升你财商的一个重要步骤，只要你掌握了这些基础知识，你才不会像一个无头苍蝇那样到处乱撞，才能让自己在财富的王国里面如鱼得水，更加有效地利用你的金钱，成为自身财富的主宰。

另外，提升自身的财商不仅仅要懂得这些财务知识，还要坚持去理财，只有持之以恒地投入到理财的实践中去，才能让财富的雪球越滚越大。因为财富就像流水，只有做到细水长流，才能达到滴水穿石的效果。心血来潮、一曝十寒的理财态度是万万要不得的，它不仅会使你刚刚聚敛起来的财富迅速消散，重复的次数多了还会打击你的理财积极性。长此以往，财富便只会在你身边打转绕弯，然后流进别人的口袋里。到时候你就只有束手无策、干跳脚的份儿了。

年轻人如果已经将理财计划提上了自己的日程，并且是抱着积累财富的巨大决心，那么就不要三心二意。不要妄想自己能够一夜暴富而好高骛远，这只会让你对当下的财富积累速度异常失望，进而打消你理财的积极性，毁了你未来的财富。你要做的是每天不间断地投入，虽然开始的时候会有一些难度，而且增长的缓慢很有可能让你失去对它的兴趣和耐性，但是只要你肯坚持下来，将它作为自己日常生活的一部分，总有一天你能看到它带给你的巨大惊喜。

不要去艳羡那些拥有巨额财富的世界级富豪，他们当中大部分人其实和你一样都是从一点一滴开始积累的。不同的是他们成功了，而他们成功的最重要的原因，并不是他们具有更高的 IQ，而是他们具有更高的 FQ，并且将其发挥到了极致，这种发挥的过程就是"坚持"。如果能够做到和他们一样的坚持，就算成不了"大富豪"，当上"有财人"还是绰绰有余的。

02. 打理财富，要从当下开始

在年理财收益为 7% 不变的情况下，爱兰和佳茵分别选择了不同的理财方式：

爱兰选择从 20 岁开始，每年存款 1 万元，一直存到 30 岁，到 60 岁的时候全部取出来作为自己的养老金。

佳茵选择从 30 岁开始，每年存款 1 万元，一直存到 60 岁，60 岁时全部取出作为自己的养老金。

你觉得爱兰和佳茵谁能够获得更多的养老金呢？有很多人一定会说，当然是佳茵了！道理很简单，佳茵的储蓄数额显然要比爱兰高很多，也就是说佳茵 30 年 30 万的储蓄本金要超出爱兰 10 年 10 万元的储蓄本金，所以她最终得到的养老金肯定要比爱兰高出许多。事实真的是这样吗？

实际上，这不过是表面现象罢了，你只要开动你聪明的大脑计算一下你就会发现：在年理财收益率为 7% 的情况下，以每年 1 万元的存款方式做储蓄，从 20 岁存到 30 岁，到 60 岁全部取出时可以得到的存款金额为 70 多万元；而如果以每年 1 万元的存款储蓄方式做储蓄，从 30 岁存到 60 岁，最终得到的存款金额却只有 60 多万元。年轻人不妨去动手计算一下，用明确的数字来比较一下，答案就十分明确了。从这两个方案，我们得出这样一个结论，如果要理财，就要趁早，因为越早理财，就能够及早地拥有更多的财富。

这时，可能有人会说，早理和晚理差别真的如刚才计算出的数字那么大吗？当然有。不知道你是否知道数字的"复利效应"，它曾被爱因斯坦称为"世界第八大奇迹"，其威力远远要超过原子弹。所谓的"复利"就是利上有利，复利的计算是对本金以及其产生的利息一起计算，也就是将上期的本利相加的总和作为下一期的本金，所以在计算的时候每一期本金的数额是不同的。这就是为什么从 20 岁存到 30 岁的 10 年储蓄本金最终所得要高于从 30 岁存到 60 岁的 30 年储蓄本金最终所得的症结所在了。

如果你觉得你天生对数字不敏感，对这个概念还是十分模糊，那么，你可以看一下这位财主分配财产的故事：

有一位非常富有的财主有两个儿子。他临死之前想把自己的财产分给他的两个儿子。他出了两个分配方案让他的儿子选择：一是一次性地给 1000 两白银，二是他每天只给 0.1 两，但是以后每天给的会是前一天的倍数，如此累加一个月。

财主刚说完，他的大儿子就毫不犹豫地选择了前一种分配方式，二儿子只能选择后者。财主的大儿子一次就拿到了 1000 两白银，十分高兴，认为自己的财产要远远地多于弟弟了。但是一个月后，他却发现他弟弟的银两已经积攒到了近亿两了，家中的田地以及牛羊等财产几乎都要归弟弟所有了，这时他才拿起算盘来计算父亲当初提出的第二套分配方案，却发现那不起眼的 0.1 两银子经过一个月的滚利后竟然是个"天文数字"！

如果让你选择，你会选择哪种方式呢？找想，绝大多数的年轻人一定会选择一次性得到 1000 两白银的那种分配方式吧！因为 0.1 两的吸引力对你来说实在太小了，小到你根本不愿意再费心去计算一个月后它会变为多少，而且想必大家已经从主观上断定它肯定是"没多少"的了。然而事实却非如此：经过一个月的累加，这 0.1 两白银在第 30 天已经超过了 1 亿两。

对此，你感到惊讶吗？是的，那个不起眼的 0.1 两白银按那种方式

"复利"一个月后，变成了如此庞大的数字了。"复利效应"的力量就是这么强大，如果不相信的话，你可以亲自拿起笔来亲自算一下。

尽管"复利效应"是没有将投资的风险与各种复杂的客观因素的影响计算在里面，而且数据中永远不变的"7％"或者成倍数地增加也许是很难实现的，但是这种持之以恒的"以钱生钱"的理财策略所为你带来的财富必定会远远地超过你所估量的范围的。

那些认为自己还十分年轻，就认为理财尚"薪"族的年轻人，可能就是忽略了"复利效应"对我们生活产生的巨大影响吧？对于年轻人来说，"钱"对自己有多重要只有自己心里最清楚，因此，你应该趁着年轻就开始你的财富经营之路，不管是你现在有钱还是没有钱。因为早一天理财就能早一天让自己获得更加稳固的生活基础，也只有稳固的生活基础为保证，你才会拥有享受幸福生活的可能。

"打理财富，赶早不赶晚"并非是一句空洞的口号，而应该立即将它付诸实际的行动。也许你现在对自己的"月光"生活感觉很惬意，也许你认为自己以后还有大把的青春和时间可以储备足够"过冬的食粮"，也许你觉得任自己的姿色有"钓到金龟"的可能，也许你现在有一个让你取之不尽的"有财家庭"做后盾，也许你本身已经拥有了超凡的挣钱能力……不管怎样，你都应该及早地为自己以后的生活做好打算，因为你现在不缺钱，也不等于你以后永远不缺钱，能挣钱也并不代表你能在未来能为自己积累巨大的财富，这个世界的变数是如此之大，就连实力雄厚的花旗银行都会破产，可你凭什么就认为自己一直可以这么顺风顺水、洒脱度日呢？

聪明的年轻人都应该未雨绸缪，我们相信每一位都市年轻人都拥有这样的智慧。所以，趁着自己还年轻，多为未来的幸福做打算。如果你从现在开始踏上理财之路，那么 N 年之后，在"复利效应"的作用下，你不想成为富人都难呢！

03. 学会巧妙分配你的工资

"哈哈，发工资啦！可是，房贷1500元，水电费300元，用餐费500元，交通费120元；电话费100元……哎，又是一头雾水，每个月发完工资后都计划得好好的，但是到月底的开销总是会超出当初的预算……最终还是要动用家里的储蓄，到头来财务还是一团糟！"

发完工资的玛莎兴奋劲刚过，就为工资的分配而搞得一团雾水，因为她每个月的开支总会超出自己月初的预算，最后，不得不去动用自己的储蓄。由此可见，玛莎是不懂得理财的。对于"薪族"年轻人来说，合理分配自己的工资是理财的第一步，也是非常重要的一步。如果收入分配不好，那么理财就只能是一句空谈。你要储蓄、要创业、要投资等等，这些钱从根本上来说都来源于你的工资。所以，要理财还是得先把自己的工资收入分配好。

那么，有的年轻人会说，如何分配自己的薪水才算是合理和有效的理财方法呢？看看理财师给玛莎提的建议吧！

根据玛莎每月6000元左右月薪的事实，理财师建议她在每个月发完工资后根据自身的实际生活开销，列一个清单出来，用来应急用的储蓄款、用餐费、零食花费、房租、水电费、电话费、买衣服、鞋子、包包及化妆品的花费、交通费、人情来往消费、学习费（每月买书费用）、旅游费等等，只要日常生活涉及的，每一样花费都精打细算，然后按照清单列出的数据严格执行，尝试一个月后，就能感觉到自己的生活变得有规律了。

最后，理财师还建议她将剩余的钱放在证券公司做投资，如果能按这种办法执行下去，三年后，她就可以拥有属于自己的一笔固定资产了，就可以开始去实施自己的创业之梦了……

看到了吧，有规划的生活与无规划的生活的差别就是这么大！通过列清单去分配薪水，就是对财务的一种规划。

年轻人是否也想让自己的生活变得更有规律呢？是否想早日实施自己的"财女"之梦呢？那么，就按照玛莎的办法，好好地规划一下自己的薪水吧！具体清单怎么列，就要看你自己的实际情况了。但是，一般情况下，年轻人的薪水分配项目通常都包括以下几个方面：

首先，储蓄。这是你必须要做的，不管你当前的收入如何，你都必须先强制自己拿出一部分存入银行中，这样可以避免自己因为中途手头紧了随意动用，这一部分钱是你拿到薪水后首先付给自己的，可以解决自己的后顾之忧。

其次，口粮。从你的工资中给自己留足口粮是必须的，你得保证自己的温饱不受影响。但是，在分配这一部分开销的时候，必须要明确自己在吃饭问题上的花销究竟是多少，当然还包括你平时嘴馋要买的零食、水果等，还有平时的饮料等一并要算进去。如果你只给自己留饭钱的话，到月底你的实际支出要比预算超出很多。

第三，日常花销。这部分开销主要包括平时的交通费、水电费、燃气费、手机费、宽带费等等，只要是琐碎的开支你必须要详细地计算出来，因为这部分支出相对是十分零散的，而且数额一般都较小，所以就容易忽略。这也极容易让你的开支超出你的预算，一不小心又将预留的生活费都花光了，如果不想再次超支，还是把它们算进你的支出里好。

第四，房租或房贷。如果自己有房子或者"啃老"的年轻人这项花销就自然可以节省下来了。但是对于租房与自己供房的年轻人是必须要从收入中支付了，这也是日常开销的一大项。不管你是按季度还是按年交付，你都必须要从当月的支出中预留出来，否则就必然会影响到你以后需要交租或者还贷时那个月的理财规划，整个理财规划都要打乱或者泡汤。

第五，卡债。信用卡的推出确实方便了许多持卡人，买东西时刷卡大部分美女都不会心疼，偶尔透支一下，也挺爽的。但是，你也别爽过了头，到了该还账的时候就该难受了，不是吗？因此，你的支出里面也应当将你所欠的卡债部分也算进去，你一定要清楚银行的钱并不好玩的，过期之后的利息可是吓死人的！当然啦，那些从不用信用卡的"年轻人"就可以省掉这一笔开销了！

第六，应酬所需。如果你不是十足的宅男宅女的话，你就少不了这笔应酬开销。平时与朋友、同事在一起吃饭、唱歌、泡吧、买礼物、凑结婚份子……样样都需要钱，因此在准备这笔开销的时候，要先看看这个月有多少人要请、有几个人要过生日、有哪些人要结婚等等，先将这些钱预留出来，否则难免会出现"月初花得很开心，月末四处补亏空"的景象。

第七，爱美投资。爱美之心人人有之，尤其是对于二十几岁的年轻女性，商场里刚上货的新款的衣服、鞋子、化妆品、首饰及包包等，无不在诱人地向她们招手。在这方面，年轻人的抵抗力是非常弱的，所以说当今中国市场经济如此发达，与年轻人的不遗余力的大力支持是脱不了干系。既然抵抗不住诱惑，那么就没必要非得要在你的收入分配上去做什么"贞节烈女"，你必须先预留出一部分来备着，否则到了忍不住要"败"的时候，你本月的理财计划难保不会因为这笔意外的开支而宣告泡汤。

第八，投资。以上的各种分配你还能有剩余的话，那么恭喜你，你完全可以自由自在、毫无顾忌地将剩的这一部分拿出来做投资了。这些钱是你财富升值的保障，最好拿来投资你自己比较熟悉和十分有信心的领域，而且这些投资所带来的收益最好不要归入你的收入之中以便再进行下次的分配。因为那样的话，很有可能会打乱你所有的理财计划，让你以为自己可以有更多的现金进行支配，放松对自己的要求。这一部分收益你最好可以将它拿来继续做投资之用，这样既可以为你带来更多的收益，又不至于让你的收益影响你对自身理财的整体规划。

在理财当中，这些对日常开支的分配被称为分账管理，将不同的生活消费支出分开来管理，这样可以加强对自身收支的控制，同时又可以借助你每月收支状况表分析支出情况，调整消费习惯，从而最终实现资金的基本积累。

用以上的方式对自己的工资进行计划与分配后，许多"薪"族年轻人都会发现，自己单用在消费方面的支出就已经让自己入不敷出了，哪里还有剩下的钱去拿来投资呢？是呀，这是一个极大的问题，不然还是减少自己的储蓄定存额吧？千万不要这样！如果这样的话，你的财富就没有积累起来的可能了，你以后可能要面临更大的生存风险。所以呢，还是减少你的开销吧，学会过简朴的生活，杜绝不必要的日常消费，别动不动就让自己的欲望出来兴风作浪。慢慢地，你就会发现，其实过简单的生活也是一种乐趣。

04. 定期给你的财务状况"把把脉"

"我现在穷得都揭不开锅了！急切需要朋友的救援，每个月的工资一发，一溜烟似的就没了，不到半个月，就连吃饭钱都没了！真是惨，每个月拼命工作，到现在却温饱都解决不了，钱到底去哪儿了呢？"

张茗在电话中向朋友吐苦水，每个月的工资花不到半个月就全没了，甚至穷得连饭都没得吃了，在悲叹的同时，她也在扪心自问："我的钱哪去了呢？"其实，在现实生活中，很多年轻人面临着如张茗一样的惨状。

网络上有一项针对年轻人的网络投票：用四个字来形容你当前的财务状况，你是（可多选）：

财大气粗，小幸福 ing，平民百姓，时好时坏，捉襟见肘，一贫如洗，揭不开锅，财政崩溃，经济危机，破产重组，穷困潦倒，等待支援，穷啊穷啊……

有三万人参加了投票，最终最后两项即为"等待支援"和"穷啊穷啊"的支持率最高，其投票率超过了半数以上，而"财大气粗"和"小幸福 ing"的投票率相对是最低的，两者加起来投票率也不过一千多一点而已。

对于此项投票活动，人们的点评是：不管是发起人还是参与者都是非常有"娱乐精神"的，不仅娱人又娱己，将自身的财政问题用幽默的语言吐露出来，也算是苦中作乐吧！网上投票的形式虽然不够专业和严谨，恶搞的成分也不能排除，但这多少还是能反映出现代人在财务方面的窘境。

从这个投票的结果我们不难看出：如今，大多数人的日子还是不好过的，不然大部分人也不会站到"等待支援"的阵营里大呼"穷啊穷啊"。大家不好过的原因又都是什么呢？各有各的说法，但是其中一点也必然与自己的吃穿用度没有盘算好或者是不懂节制有关。对此，你是否也有同感呢？

如果真的是这样，那么你该对自己或家庭的财务现状进行分析了，这是理财过程中一个十分重要的环节。财务状况不明就没有办法对自己的收入与支出作出相应的合理有效的分配，也就是说如果对财务不明确就算你的薪水再高，收入再多都有可能会出现个人财务危机。

资产负债表、现金流量表、损益表，这是企业不可或缺的三张财务报表。虽然个人行为要比企业行为看起来简单许多，但是如果将"吃穿住用行"要全部地打理得井井有条也不比企业简单多少。所以，聪明的年轻人不妨向企业取取经，尽快地建立起属于你自己的财务报表，它能够帮助你有效地梳理个人或者家庭的收入、支出与负债情况，可以更为清晰地反映你当前的财务状况是否存在着危机。

至于具体的做法，理财专家也给出了以下的五个财务指标供大家去参考：

第一，负债比率。负债比率是指你的负债总额与个人总资产的比值，是衡量个人财务状况是否良好的重要的指标，这时你可以盘算一下：负债总额/总资产＝？如若得出的结果大于或等于 0.5，那么就表明你的财务状况出现了危机，就有可能出现由于你的流动资金不足而出现的财务问题。

第二，个人偿付比率。偿付比率是净资产与总资产的比值，它主要反映的是你的个人财务结构的合理与否。现在，你可以按照下面的公式计算一下：净资产/总资产＝偿付比率。通常情况下，偿付比率的数值变化应该在 0～1 之间，以 0.5 最为适宜。太高或太低都是不稳定的表现，如果太高的话，说明自身没有将自己的信用额度充分地加以利用起来；而太低的话则说明你的生活很可能是在靠借债来维持。

第三，负债收入比率。负债收入比率是指到期需要支付的债务本息与自身同期收入的比值，它主要衡量了一定时期内你的财务状况是否良好。你也可以计算一下自己的负债收入比率：每年偿债额/税前年收入＝负债收入比率。一般情况下，负债收入比率数值就应当控制在 0.5 以内是最为安全的，如果比值过高的话，就说明你在借贷融资时会出现一定的困难，银行很可能不愿意将钱借给你。

第四，流动性比率。流动性的资产主要由你当前的现金、银行存款、现金等价物及货币市场基金构成，是在未发生价值损失条件下可以立刻变现的资产，流动性比率反映了你支出能力的强弱，你现在可以计算一下你的流动性比率：流动性资产/每月支出＝? 对年轻人个人而言，流动性资产应该能够满足自身3~6个月的日常开支。如果你的流动性数值很小的话，你可能就会为你的生活而担忧，如果流动性比率较大的话就可能会影响你资产进一步的升值的潜力，因为流动性资产本身的收益就不高。

第五，投资与净资产比率。它是个人投资资产与净资产的比值，反映了你通过自身投资提高净资产的能力，其计算方法为：投资与净资产比率＝投资资产/净资产。理财专家指出：其投资与你净资产的比率数值应该保持在0.5左右是比较合适的，这个数值既能够使你保持适当的投资收益，又不会将你推向高风险的边缘，对年轻人来说是比较合适的。

好了，你可以将这五项以表格的形式填写出来，然后结合数据分析，看一下你的财务是否存在着危机。如果存在危机，才女们就要想办法去优化自己的财力状况了，尽早地将自己的财务纳入到更为合理的轨道上来，相信不久的将来，你就可以看到它为你所带来的巨大的收益了。

05. 问问自己：为何每月都要负债度日?

"我月薪过万，每天坐的是公交车，吃的是快餐饭，但是，我的银行卡的余额都是零，每个月领完薪水后的第一件事情就是去支付大量的银行账单，生活十分窘迫。我也不太清楚我那么多的钱花到哪去了? 只是知道发了工资就会和同事去逛商场，买几件时下最流行的名牌服装，再买一些好一些的化妆品之类的东西，再到淘宝网上购一些其他的用品，再给父母寄一些，加上各种人情消费，剩下的钱就只够支付房贷，吃饭和养车用了……"

在一家外企做人事经理的白珊对朋友这样抱怨道，她调侃自己是名副其实的"负婆"。从她的话中可以看出，她的钱除了还房贷，大部分还是花在了高端消费品方面。其实，在都市中，像白珊这样负资产的年轻人很多，负资产的原因也是极其多的，她们之所以成为"负婆"并不仅仅都是把自己的钱给了银行还房贷所致，而是由她们"超前"的消费观念导致的。

这些"负债"年轻人，一般都年轻时尚，外表不仅时髦，消费观念也异常的时髦。她们将钱大部分都花在了消费品上面，穿名牌服装，背名牌包包，用名牌化妆品，用最新、最炫的电脑、手机、MP5、DV、PSP。这些东西上市后，她们当然不可能付现款，因为等到她们把钱攒足，这些新潮的东西早就"过气"了。对她们来说，"月光"只是小意思，信用卡透支更是家常便饭。银行的钱欠了一大堆，每个月不负债度日还能怎么样？

她们大部分人将自己的个人所得都投入到了那些只会不断贬值的消费品上面，就在无形之中造成了财产的负增长，到何年何月才能积累起自己的"第一桶金"呢？也无疑是让自己以后的成功在日常消费中"打了水漂儿"。

"负债"小年轻们表面的光鲜亮丽是靠自身背负的巨大的压力托起来的，他们不计后果地将自己未来二三十年的时间、智力、劳动全部抵押给了银行，俨然也成了还款的机器。而且为了避免出现债务危机，也必须要将所有的精力都放在努力赚钱上面，生病、失业等统统不允许在她们身上发生，更别说再来个天灾人祸了。她们不仅失去了工作与休息的自由权，而且连道德与思想都受到了束缚，完全成了负债消费的奴隶，稍有松懈势必就要背负更大的财务压力。

一位女大学生为了满足自己超前消费的购物欲望，刷爆了银行的信用卡。其实也就透支了几千块钱，但是她只是一个学生，几千块钱已让她无力偿还。但她同时又不肯给父母说，只能一直地拖欠着。

结果却被银行告上了法庭，本来透支的几千块钱，几年下来，连本带利变成了一笔巨额债务，还不上就要面临牢狱之灾。父母无奈只好变卖家产替女儿还债，一家人一下子变得一贫如洗。

这个事例看起来真的让人难以置信，但它确实是真实的。这位女大学生既幼稚又无知，只是为了满足自己生活中的欲望，竟然搞到全家倾家荡产。当然了，聪明的才女是不会傻到那个地步的，但是你是否也经历过因为过高的消费欲望而让自己背负欠债的事情呢？

是的，你的消费观念是超前的，你太想让自己在短时间内以"无产阶级"的身份过"中产阶级"的生活了，于是会在不知不觉中，让自己从"月光族"变身成"欠债族"。这种风尚也的确让你的生活得到了极大的提升，但是每个月有固定高薪收入的你也理所当然地认为自己有能力担负起少量的"卡债"，但是你却忽略了"积少成多"的力量，一件高档消费品的透支的确不会对你构成什么"威胁"，然而一看到名牌服装就疯狂的你恐怕不会透支一次就会罢手吧？于是，各种原本数额不大的消费品加起来赫然形成了信用卡"还款金额"上的庞大数字，你的"入不敷出"自然也就没那么难解释了。你的"腐败"生活"看上去很美"，实际上要承担的是长时期的精神上的折磨。

年轻人追求高品质的生活固然是没有错的，想尽快地成为"中产阶级"的心情也是无可厚非的，但是如果为了这些而将自己的青春搭进去成为银行的奴隶，那就真该好好地反思一下自己了。"寅吃卯粮"作为救急尚可理解，但要成了生活常态就很可能让自己陷入困境。毕竟"天有不测风云"，谁又能保证在你动用了"卯粮"之后，你的"卯年"就不会有天灾人祸，就一定有"好收成"？能"丰收"固然很好，但是如果"减产"或"颗粒无收"，那么你又要靠什么度日呢？

因此，在自己的经济还没有得到完全保障或不稳定的情况下，追逐时尚的年轻人在选择"负债消费"时一定要谨慎。要知道，优越的"腐败"生活固然是诱人的，但是也要清楚在"腐败"之后所要背负的巨大的精神压力。快乐是一时的，压力和不安却是长久的。如果能将自己的目光放长远一些，把结果看得透彻一些，才不至于搬起"盲目消费"的石头去砸自己的脚。

06.　请节约你的每一分钱

"你的装修费怎么那么便宜？比我们的少了一万多块呢，而且看起来比我家装修的还要好呢？"

"呵呵，在网上联络网友一起买的装修材料，团购自然就便宜，大部分材料都是打 6 折！给装潢公司只是工夫费，花费下来自然就少了！"

每当别人问起自己的新房装修价格，辰雨都颇为得意。同事们装修都是将一切包给装潢公司，而自己却是通过团购亲自买的材料，这样下来自然就少了不少钱。辰雨的原则就是要用 1 元钱花出 10 元钱的价值来，将每分钱都用在刀刃上，这可不是每个年轻人都会的哦！

"花最少的钱，获得更多的享受"这正是那些深谙花钱之道的理财达人的过人之处，也是花钱的学问。也许大多数年轻人都不懂得，但是没关系，只要你肯发挥你的聪明才智，勤于抓住生活中的细节，你也是可以做到的。当然了，你也可以向下面的几位聪明年轻人学习花钱之道：

（1）智慧用卡，轻松应对银行收费时代。

到年末的时候，王琳拿着家里一堆的银行卡到银行去查账，想了解一下家庭的年度收支状况，但是她发现有几张长期没用过的卡因为没有注销，每张卡都白白地被扣去了 10 元钱。

于是，细心的王琳就回到家中将家里的银行卡进行了"大扫除"，而且也制订出了详细的家庭用卡计划：一户（一个存款账户）、一借记卡、一贷记卡（信用卡）。王琳注意到工行与建行都鼓励用户将一些平日里停用或者根本不用的借记卡进行销卡，同时强调存折仍然可以继续使用。查到自己家里又有很多工行和建行的卡，她就着手把家里的大额存款全部都存到一个账户上面。由于账户不经常使用，也不用到提款机上取现，所以，只需软卡即可。其他的借记卡则都可以拿去注销，这样算下来，省下来不少年费支出呢！

王琳通过一次银行卡"大扫除"为家庭减少了一些不必要的支出，虽然没有多少钱，但是做法是明智的，大财富都是由小财富积累出来的。才女们可以搜一下自己有多少张卡了吧，如果你发现有哪些卡很久都没有用过的话，或者根本用不到的话，就赶快去银行注销吧。

（2）只买对的，不买贵的。

薛雨现在用的是一款老掉牙的诺基亚手机，而且她经常因为这个"老古董"而成为同事朋友们嘲笑的对象。但是，她自己倒也振振有辞：手机就是用来打电话、发短信的。有那么多功能，有多少是经常使用的呢？没必要花冤枉钱去换那些华而不实的东西！

现代许多商品都有很多功能，但并非功能越多就越好，选择一款适合自己的是最重要的。比如许多才女在买彩电时经常会被那五花八门的功能弄得晕头转向，但是这些功能常常都是华而不实，如果放弃这些功能，购买相同尺寸、相同显示效果的电视机，起码可以少花 1000 元。

（3）尽早避免创业风险。

贺丽一直都想开一家美容店，但是没有经验的她不知道怎么开才

244

能赚到钱。她就开始向周围的朋友咨询，然而她感觉求人不如求己，于是她的调查行动就开始了。她将自己 1 年的美容费用 4000 元存在一张卡里，开始了她的市场暗访活动。这家美容院生意不错，她就想进去试试，和美容师又是聊天又是打电话。她第三次来时，对这家店的情况她已经知晓了 80%。接下来，她又换另一家，档次高的与档资低的，3 个月的时间她暗访了 10 来家，她对广州的美容市场基本了如指掌了，店开在哪里好，美容师请什么样的好等等，她都十分清楚。4000 元只花了 2000 元，剩下的 2000 元，她用来请她认识的美容师吃饭、喝茶，最后，几位美容师都愿意助她开店，没有伤什么和气，没有坏什么圈里的规矩，没有花一分钱去做广告，贺丽就将店成功地办起来了。她认真听取美容师的建议，满足了不同顾客的需求，一开张就赚到了不少钱。

花出去 1 块钱，可以挣回来 100 元，贺丽就是这样做到的。创业前实地考察和获得圈内的关系网是非常重要的，贺丽有效地利用 4000 元钱就获得了重要的关系网，为自己创业成功铺好了道路，最终取得了创业的成功，这是值得年轻人去学习和借鉴的。

通过以上的几则事例，年轻人应该掌握了不少花钱技巧吧！现在你也可以开动你的脑筋，多想想怎么才能让自己的钱花出更多的价值来吧！

07. 未婚单身"小年轻"的理财"规划书"

"毕业已经两年多了，但是我到现在一分钱也没有存下来，马上就要回家过年了，突然觉得十分愧对父母。杭州是个高消费、低收入的城市，在这个城市里生存，实在是一件十分不容易的事情。有什么理财的妙招可以给我建议下吗？"

临近春节，因为没有钱回家的马晓十分焦虑地走进了理财事务所，想让理财规划师给自己提一些合理的理财计划与建议，想从现在起就开始理财，希望为时不晚。

有些单身才女由于刚步入社会不久，收入也不多，再加上平时理财意识淡薄，几乎没有什么钱财。但是，这个时期却是个人资产原始积累的重要阶段，如果再没有什么财富规划，可能一直都要处于如马晓那样窘迫的生活状态之中了。如果不想一直处于紧巴巴的生活状态之中，你就应该尽快地行动起来，及早地为自己的后半生做一个合理的财富规划。这时有的才女可能会问："钱都不够用了，还谈什么理财呢？"

才女们应该知道"有'理'不在财多，没财更需理财"的道理吧？正因为没财才要去理财，理财与有钱和没钱是无关的，它是协助你完成财富目标的一种手段。即使你手中现在一点闲钱也没有，也是可以通过一定的规划去完成你的财富目标的。那么，具体怎么去规划呢？

根据理财的步骤，第一步，要明确自己当前的收支状况与资产状况。

根据调查，当前大部分单身才女的收支状况与资产状况都在这样一个范围内：

税后收入 2000～6000 元，月基本支出（主要指租房、吃饭以及维持日常生活的基本支出）1000～3000 元，几乎没什么储蓄与投资项目等。

第二步，要根据现实状况，列出自己的理财目标。根据才女当前的收支状况，具体理财目标主要为：

（1）投资为零，没有负债，如何能让自己手中有限的资本通过合适的投资达到增值的目的？

（2）怎样为父母的养老问题做好充分的准备？

（3）除去基本生活开支以外其他剩余的钱应该要按怎样的比例去储蓄或者去投资？

（4）如何去准备一笔未来的创业资金？

（5）部分才女还有购房、购车计划，要通过何种方式实现自己的这些计划？

第三步，如何将你有限的收入通过合理的投资分配，去实现你的理财目标？

这是一个十分复杂的问题，得根据你自身具体的生活习惯与实际情况而定。不过，在这之前，我们可以先听听理财师给马晓提的理财规划吧。

理财师首先分析了马晓的收入情况：税后收入 2600 元/月，兼职收入为 1500 元/月；单位有社会保险；房租 500 元/月（每半年付一次）；其他类基本生活支出 1000 元/月；月结余：2600 元；没有储蓄和投资项目，父母都是农村户口，没有养老金，妈妈有养老保险，爸爸没有，她需要承担父亲的养老问题。现在她只是单身一人，以后是否会在这个城市长久地待下去，还没有明确的打算，所以，买房与购车当前不在她的考虑范围之内，但是她将来有一个非常明确的规划，那就是一定要创业，所以，当前她也希望自己可以存下一笔创业资金。

针对马晓的收支情况与理财目标，理财师为她制订了这样一套理财规划方案：

（1）半年一付房租，与其将每月份存入的 500 元存入银行得利息，不如拿来去投放到货币市场基金中去，以博得比银行活期利息更高的收益。

（2）马晓父亲未来的养老问题。为了减轻以后的负担，马晓应提早准备这笔资金。

如果按照每月 600 元的生活标准计划的话，其父亲今年为 50 岁，按照国家标准马晓的父亲如果在 60 岁退休的话，即马晓当前每个月应该准备出 300 元，即 3600 元/年，投资一个年收益率为 4％的产品，等父亲退休后，首先就能拿到十几万元的养老金了。同时她每个月也应该再拿出 200 元左右作为父母的大病、意外、医疗方面的保险费用。

（3）除去每个月 1000 元的生活成本费用、500 元的房租以及 500 元的父母医疗、养老方面的开销，马晓每个月的结余为 4100 元－2000 元＝2100 元。另外，马晓也应该为自己准备 3～6 个月的"不动产"资金以备自己应急之用，即 5000 元左右，这笔钱可以通过一年的时间准备出来，即每月 400 元做这样一份准备。

同时，马晓自己单位有社会保险，但同时应该再准备一份商业保险计划来作为社会保险的补充，即年收入的 10％即 400 元左右来购买年收入 10 倍的保险保障计划。

（4）由于马晓自己比较年轻，从年龄角度考虑，她能够承受较高的风险，但是她的生活风险也是十分低的，她也可以将自己余下的 1000 元左右结余的资金用来购买股票型基金，以博取较高收益，假定年回报率 7％左右，则马晓在 5 年后就可以为自己积累 7 万元左右（如果是 10 年后可积累 20 万元左右）的创业资金了。

针对单身才女马晓的理财方案，理财师给了如下的总结：一，她的四项理财目标都可以得到满足。二，不突破她现在的财务资源与以后持续增加的财务资源限制。三，个人资产的综合收益比较理想，可以抵御通货膨胀带来的财富贬值问题。

同时，理财师还指出，制定如马晓这样的单身女性的理财规划，除了要考虑到基本资金的流动性与保险保障外，重点还要考虑其资产的收益率。当然了，有的年轻人的父母如果在此期间都可以通过自己的劳作去解决自身的生活与医疗问题的话，那么在具体规划的时候，就暂且不用将父母的养老问题列入其中了，但是，你的情况如果与马晓相似的话，一定要将家庭成员的部分情况考虑在内，并预留部分资金作为父母的养老金与医疗金。

通过马晓的规划，我们也可以根据自身的情况，对自己做一下理财规划。不过，理财师根据目前大部分年轻人的具体状况，大致上也做出了以下理财规划，我们可以在参考的基础上针对自身的具体情况再做决定。

（1）资金规划。大部分单身年轻人在还未成家前，基金定投是非常理想的投资工具。具体用做多少去投入到基金投资中呢？扣除你日常生活包括基本生活开支与房租（房贷）外，拿出你结余钱财的约 45% 作为基金投入，便是稳妥的。

比如马晓，她每月份的收入是 4100 元，扣除基本生活开支与房租外，每月份还有 2600 元，其拿出 1100 元左右作一个基金定投就可以了，投资于一个年收益为 5% 的产品，到她 55 岁退休时，便可以获得 100 万元左右的资金。当然了，如马晓这样的单身才女事业都处于起步阶段，今后随着事业的发展，收入水平也会逐步地提高，则可以根据发展变化，对基金规划做出进一步的调整以获得更高的收益回报。

（2）养老保险规划。这主要是针对那些要承担父母养老问题的才女的，如果父母没有任何保障，才女们最好的方式就是考虑为父母购买保险，别等到父母真的丧失劳动能力的时候再去养他们，那势必会增加自己的负担。对此，才女们可以考虑国家政策，结合现有农村居民保障制度，为父母早早地申请下农村社会保障，同时每个月只需拿出几百元做定投，到父母退休之时，便可以安享晚年了。

比如马晓的父母，她需要承担一半的养老责任，她出 300 元，让父母每月拿出 300 元做定投，她的父亲差不多还有 15 年退休，投资一个年收益率为 4% 的产品，则到其退休可获得资金约十几万元的退休金。

另外，马晓拿出 200 元作为父母意外病变，这一部分钱也可以以保险的形式为父母投保，保额可设定为 200000 元，年支出保费为 2400 元。随着她事业的进一步发展，在未来经济条件改善的情况下，可以加大对于父母养老保险规划上的投资力度，那么，她的父母便可以过上一个幸福安康、无忧无虑的晚年生活了。

（3）保险规划。对于单身才女来说，如果自己单位的保险额度太小的话，也应该要给自己补一些社会保险，以提高自身的风险承受能力。根据理财规划行业著名的"双十原则"，保险规划中保额的设计为 10 倍的家庭年收入，保费则不宜超过家庭年收入的 10%，这样保险的保障程度比较完备，保费的支出也不会给自己带来过重的财务负担。

比如马晓，每年需要支出 4800 元，投保额可定为 480000 元，同样可以选择健康型保险与保障型保险，以满足自身的需要。

总之，单身才女在现有的经济条件之下，完全是可以进行上述理财规划的，以后随着自身能力的发展，可根据需要改变理财规划与方案，以达到让自己真正成为财女的目的。

08. 家庭成长期年轻人的"理财法"

"我今年 26 岁，家庭正在成长期，压力异常大，每月的房贷、巨大的生活开销、做生意的商业贷款、儿子的抚养教育费用等等，压得我喘不过气来。我有理财目标，但是根本不知道如何去实现，我该怎么办呢？"

绍琴中午下班后向家庭理财师咨询理财方法。摆脱了单身生活，绍琴现在承担的不单单是一个人的生存发展问题，还有一个家庭的生存发展问题，压力自然就增大了，焦虑也是正常的。

处于家庭成长期的年轻人所面临的生活压力可能与绍琴是大同小异的：每月的房贷、巨大的基本生活开销、子女的抚养和教育问题、自身的养老计划、购车计划等等。面对这样一笔笔的大额开销，在没有其他收益的情况下，仅靠家庭的那点收入，谁会没有压力呢？那么，在当前的情况下，如何去解除这种巨大的压力呢？

也许我们首先想到的办法可能就是增加收入。怎么去增加收入呢？靠升职、加薪吗？但它是需要一个长期的过程的，何况每次加薪的数额十分有限，远远比不上支出增长的额度。靠做生意吗？做生意的确可以使财富增长得快点儿，但风险也是无处不在的，稍不留神可能连老本都不保。难道真的没有办法了吗？当然是有的，理财是能使财富增长的最重要的方法。如果你能将你的财富好好地规划一番，并按照规划方案去做，你的压力很快就可以消除的。那么，对于家庭成长期的年轻人来说，如何具体去规划呢？

第一步，将你的资产全部亮出来。

据调查，大部分这个阶段年轻人家庭的资产与财富基本情况都在以下范围之中：

家庭年收入 6 万～20 万，自身收入占家庭收入的 30％～50％；家庭成员大都有养老保险；家庭储蓄存款 1 万～3 万；房贷占家庭支出的 20％～30％；基本生活支出占家庭收入的 10％～30％；子女教育费用占家庭收入的 0.05％～0.1％；投资额度占家庭收入的 10％～30％。

第二步，根据家庭情况，列出家庭理财目标。

这一阶段，家庭理财目标一般都表现为：

（1）如何才能提前还房贷？

（2）如何规划子女从小学到大学期间的教育经费？

（3）如何完善夫妻两人的退休养老计划与医疗保险？

（4）如何实现购车计划？

第三步，如何将资产进行融合与合理的分配，去实现理财目标。

处于这个阶段的年轻人，其家庭状况是复杂的，分配起来自然就更为复杂了。在没理清规划头绪之前，还是先看看理财师是怎么给绍琴规划的吧。

绍琴向理财师讲述自己家庭的收支状况：家庭年收入 15 万，其中自己的年收入为 5 万；家庭年支出 12 万元。丈夫和自己在单位都办有"三险一金"。女儿 9 岁，上小学。家里拥有价值 64 万元的住房，2 万元的活期存款，3 万元的一年定期存款，银行房贷 48 万元，还款期为 20 年，月供款 3000 元，月生活支出 2000 元。

同时，她也向理财师提出了她的理财目标：①拟将 20 年期房贷，用 15 年时间还清；②规划女儿从小学到大学期间的教育经费；③完善夫妻二人退休养老计划与人身疾病商业保险；④5 年后实现购车的愿望。

根据她的家庭状况与财富目标，理财师为她提出的理财建议为：

第一，建立家庭应急准备金，应急准备金应为家庭硬性支出的 6 倍，即 30000 元，这一部分可以以基金的形式存放。

如果要想将还贷缩短，则每月需加还约 1000 元，可暂将这 1000 元购置一些基金或其他收益相对较高的投资方式，让它获得一些收益后可一并还房贷。

第二，设计家庭避险方案：完善养老保险，给自己与丈夫买一定金额的养老保险与意外险，总计可投 60 万元保额，保险期为 20 年，给丈夫主要买寿险附意外保险为主，自己主要买重疾险与意外险。

第三，女儿从小学到高中费用家庭日常开销即可，主要是要为女儿购买将来上大学的学费。对此，理财师建议她可以通过购买基金定投或教育基金的方法实现。假如目前 4 年大学费用开支全部累计 10 万元的话，按照 5‰通胀率考虑，10 年后需要费用大致为 16 万元，可购买年收益率 8%～10%的混投基金，每月只需投入 800 元即可。

第四，购车计划，因家庭压力过大，每年的结余算下来只有 2 万多元左右了，还是暂缓购车计划比较稳妥。

看了绍琴的理财方案，才女们是否有一头雾水的感觉，因为数据计算确实挺复杂的，但是不要紧，慢慢来，一项一项地去计算，你就会知晓其中的奥妙了。尽管它是一个复杂的过程，但是，通过规划后，绍琴的创富之路的确明朗了许多，如果按照这个规划去做，她的财富目标都是可以实现的。

年轻人可能会说，我的家庭状况和她的又不太相同，我该怎么去规划呢？对此，理财师专门针对家庭成长期年轻人的家庭给出了大致的理财规划方案，我们可以参考。

理财师指出，针对家庭成长期年轻人家庭的情况，理财规划主要从以下四方面去考虑：房贷、保险、教育金以及具体的投资规划。具体要遵循以下几个原则：

首先，由于家庭成长期的特殊性，家庭投资方式应选用更为积极一点的投资方式，例如股票、外汇等。但是对于每月开支吃紧的家庭来说，可将资金分配于基金、保险和国债等各个投资渠道，以求在稳健中达到增财的目的。

其次，夫妻保险。应重点考虑定期的寿险、重大疾病险及终身寿险。随着收入的增加，每年也应保持将年收入的 5％投入保险才算合适。

再次，教育基金。子女的教育基金应提早准备，可选用债券基金、基金定投、投资分红型保险等比较稳健的投资方式实现资金的增值。

最后，购车计划。对于处于家庭成长期的年轻人来说，购车要根据自身的经济承受能力，不可盲目购车。应在估算每月结余多少钱的基础上去评估是否有购车与养车的能力。当然，车子也并非是越贵越好，也可以根据自身的能力考虑购二手车。

同时，要注意的是，在现代社会，有钱并不一定要去急着还房贷，完全可以利用房屋的杠杆作用去获得比房贷率更高的回报。

　　看了上面的理财规划建议，年轻人也对自己的家庭理财计划作出一个规划吧！如果你还不清楚的话，可以找理财规划师为你规划，需要提醒的是：越早作出规划，财富增长的速度就会越快，你所承担的压力就会越小。

第十一章

这 10 年，
你应如何积累你的人际资源

01. 人际资源积累，要趁早开始

关于人际资源的积累，文学家马克·吐温曾这样说："结交朋友最恰当的时期，是在你感到需要朋友之前。"这告诫年轻人：人际资源的积累一定要趁早开始。

艾德沃·波克被称为"美国杂志界的奇才"。但是，正是这样一位"奇才"在小的时候却是一个名副其实的"苦孩子"。他在 5 岁的时候，就跟着家人移民到了美国，从小就在美国的贫民窟中长大，一生只受过 6 年的学校教育。在他 12 岁的时候，便辍学到一家电信公司工作。

然而，自强不息的艾德沃·波克并没有因贫困就放弃学习，他一直在工作之余坚持自学。更不可思议的是，波克在小小年纪的时候，竟然就非常"早熟"地懂得了人际交往的重要性。

波克经营人际关系的方法很独特：首先，他省吃俭用，省下了一些钱，买了一套《全美名流人物传记大成》的书籍，并潜心研读。

紧接着，他做出一个让任何人都极为想不到的举动：他直接给书中的一个个名流人物写信，询问他们所记载的童年往事。比如，他曾经写信给当时的总统候选人格菲德将军，询问将军是否真的曾在拖船上工作过？随后，他又写信给格岚特将军，问他有关南北战争的事情。

小小年纪的波克当时的周薪只有5元3角5分，但是，他却用这种方法结识了美国当时最有名望的诗人、哲学家、作家、大企业家以及军政要员人物。而那些名人也都极为乐意地想接见这位可爱的充满好奇心的小难民。

后来，由于小波克的谦虚与认真，他获得了多位名人的接见。随即他也决定，想利用这些非同寻常的关系，去改变自己的命运。

后来，他又开始努力学习写作技巧，提升自己的个人文化素质。然后，他又开始向上流社会毛遂自荐，帮这些人写传记。不久之后，他便收到了很多的订单，以至于，他需要重新雇用6名助手帮他写简历，而这时候，小波克才刚刚18岁。

很快地，这位擅长交际的年轻人，就被美国著名杂志——《家庭妇女杂志》社邀请去做编辑，并且一做就是30年。而波克也利用他善于与人沟通的特长，将这份杂志办成了全美最畅销的杂志之一。

看了艾德沃·波克的经历，我们就可以对"成功"下这样一个结论：所谓的成功就是幸运地获得了被提拔的机遇。

对于二十几岁的我们，刚入社会，事业和工作都刚刚起步，这正是我们积累个人人际资源的大好时期，这个时候，如果你注意有意识地建立和积累起属于自己的人际资源，它将会对你以后的人生起极为关键的作用。

有人曾把人际资源比做"存折"，这主要是因为人际资源与资金的储蓄一样，都是为你将来做准备的。如果想等到"以后"或"有需要时"

再"找朋友"，"朋友"就永远不会来临。如果想等"有必要"的时候才想到应该开始建立和积累你的人际资源，那时注定为时已晚。

对此，很多初入职场的新人会觉得：自己人微言轻，也不能给他人带来什么好处，那些同事、领导凭什么要认识自己，并愿意和自己交往呢？还是等着自己有一些工作业绩，成为独当一面的"专家"、"骨干"，这个时候再拓展自己的人际，与人结识打交道，可能会更方便快捷一些。

其实，这种看法是极为错误的。我们要知道，每个人都有着他人所不能替代的位置和价值。对他人来说，这就意味着你具有"可交往性"。如果你是一个有专长、有业绩，有潜质、有踏实肯干的劲头，对多数人来说，这就是一种弥足珍贵的价值，于是，你就有与人交好的可能。

假如你在刚入社会时就放弃了人际资源的积累和管理，等到自己有朝一日终于在某一领域有所建树时，你可能就会发现，"朋友"并没有如期而至。更有甚者，这时的你，人生之路可能越走越窄，成了一个不为人赏识的人了。

不仅如此，越是年轻人结交下的朋友，越是能发挥它的价值。一般来说，二十几岁的年轻人一般不很计较名利得失，更容易真诚地与人交往，也更容易结交下所谓的"铁哥们儿"、"死党"等，它们会是你一生不可多得的财富。当然，要想主动结交朋友，是需要付出很多的心思与勇气的。

我们先来看看张洁是如何为自己的未来铺好路的吧。

张洁刚毕业后就进了一家著名的洗化公司做销售助理，工作极为努力。她自己清楚，要想在自己的岗位上做出成绩，人际交往是极为重要的。

有一次，洗化行业准备召开一场专业座谈会，张洁通过销售经理有幸获得了一张珍贵的入场券。虽然说这次行业内的聚会对张洁目前的工作起不上大的作用，但是，张洁却认为这是个构建自己关系网的绝佳机会，她自己很珍惜。但是如何才能够把握住这次短暂的时间，给更多的人留下良好的印象呢？

张洁在参加会议前对每位重要公司的领导人进行了深入细致地调查，掌握了一些重要的相关资料后，才开始着手与各位领导进行交往。

会议进行到中午的时候，各大公司的老总们就一同进入了自助餐厅。两三个熟识的人端着酒杯，围在一桌闲聊着一些无关痛痒的话题。张洁趁着李总挑选食物的空当，就慢慢走近了他。

"李总，我看您今天满面春风的，我猜想，这次你们公司的那个研发项目顺利上市了吧？"李总有些惊诧地看了张洁一眼，随即微微一笑道："是的，上周刚刚通过审批，我还没来得及将消息告诉其他人呢，你怎么知道的呢？"

话刚落音，站在一旁的张总眉开眼笑地说道："李哥呀，这是您的不对呀，这么大的事情怎么一点也不通知我呀？太不够意思了，哈哈，恭喜恭喜！"

听罢，张洁便又笑着说："张总，您跟李总相互间称兄道弟都是众所周知的事情了，这次，恐怕李总要请您大吃一顿了吧。"

"哈哈，你说得对，这次一定不能饶了他，得请我吃大餐呢！也是对他的惩罚。"张总笑着说。

"当然啦，有这样的好事怎么能不请客呢？是一定会请客的。"李总言语中满是欢喜的语气。然后，李总又回过头来问张洁："你叫什么名字？请客吃饭的时候你也一起过来吧！"

随后，张洁又运用类似的办法，结识了其他一些重要的领导人物，极大地丰富了她的人际资源。可想而知，结识了如此之多的业内的成功人士，张洁的职业发展道路可谓是走得顺风顺水。没过几年，她就在一家国际知名公司一个重要的管理岗位上任职。

在这里，很多年轻人一定会问，到底是什么原因使张洁轻易地就

"俘获"了众多重要人物的心？其实，秘诀很简单，在参加会议之前，张洁就通过各种途径将几位领导的资料拿到手中了，在进行了细心的整理与分析后，切中了攀谈话题，这样自然就能很好地利用有限的资料与这些人搭上关系了。

在种种积累人际资源的举动中：年轻是你可以利用的最大优势，因为年轻意味着潜力、未来。所以，为了让自己以后的职业生涯进行得更为顺利，那就赶紧行动起来吧。也许，你不经意结识的某个人，会在将来的某一天，对你的人生产生重要的影响，甚至会让你少走几十年的弯路。

02. 工作是你发展人际资源的底气

经营和积累你人际资源的第一步，就是尽可能地让自己成为"价值符号"。这是让别人更愿意与你结交的重要原因。所以，在与他人交往前，一定要先冷静地扪心自问："你是一个有价值的人吗？"这就如同为一个商品建立"品牌"一般。对于二十几岁的年轻人来说，与其花费大的精力漫无目的地结识朋友，还不如事先确定好自我的价值定位，然后再有意识、有目的地去结识该结识的人。

当然，对于多数年轻人来说，其大部分"价值"都必须在工作中才能体现出来，所以，工作价值是你发展和积累人际资源的底气。

在过去，因为交通、通讯技术的限制，人们的生活圈子极为狭小，相互间认识的人也很少，所以，对陌生人有种本能的恐惧，人们在人际关系上大多都依赖熟人、亲戚。所谓的"打虎亲兄弟，上阵父子兵"说的就是这个道理。而在现代社会中，便捷的沟通工具无所不在，人们的社会交际极为广泛。这也使得人们的工作交往变得更为规范化。在与工作有关的合作中，熟人的"感情"往往是靠不住的，稳定的关系与彼此的信赖感必须依靠工作业务往来建立。

也就是说，在现代商务型社会中，真正稳固的人际关系要靠工作来建立，而非靠生活中的"交情"或者"感情"。

你可以假设一下：

1. 某个员工人际关系搞得不错，和同事与上司的关系都极为融洽，但是工作上却总是出错，甚至会给公司带来巨大的损失。这样的人，老板会继续让他在公司待下去吗？

2. 一位上司，工作能力极差，但是为人很好，下属们都会拥护他吗？

当然不会！也就是说，工作层面中良好的人际关系，是靠工作能力建立起来的相互信赖的关系。所以，平时你再怎么笑容可掬，舌灿莲花，如果你分内的工作做不好，甚至影响到别人的实质权益，再好的交情都没用。

玛丽是一个和蔼的保险业务员，相当会为人处事。

每次见到自己的客户，都会表现得像是见到了自己的好朋友一样，极尽所能地去关心对方。

然而有一次，一位客户因为车祸，请她帮忙申请理赔金，而审请理赔需要占用玛丽很多的时间，所以，她一直拖了两个月都没去帮对方办理。到最后，索性连这位客户的电话也不接了。

现实中，像玛丽这种"过河拆桥"、不负责任的人有很多，这样尽管会使他们的"职业形象"一落千丈，但是因为对方确实触犯到了玛丽的实质利益，即占用了她大量的时间，所以，尽管平时两人的交情很好，到关键时候也起不到作用。

做好工作，首先意味着你拥有"自我价值"，那就是你对别人有用，可以用自己的专长来为别人服务。现代社会的人际关系，是以互惠、互助为基础的。如果一个工作认真负责，即使他现在人微言轻，人们也会欣赏他的工作态度和他的潜质。这样，人们才愿意和他保持长久密切的工作关系。

大学刚刚毕业的胡兵，做的是高端产品的销售工作。因为缺乏社会关系，又缺乏拓展人际关系的经验，所以，销售业绩总是很差。

他为此也经常打电话给过去的铁哥们、同学，向他们倾诉自己的烦恼，请他们帮助自己。然而，很快他就发现：这些铁哥们、老同学虽然过去有"交情"，也很愿意帮助自己。但是他们都与自己一样，都没有什么社会关系，除了能给自己一些安慰与鼓励之外，帮不到自己什么。

于是，胡兵作出了一个大胆的决定：学打高尔夫球，去与上层精英人士结交。为此，他不惜花钱报名参加了汇聚了大量高层精英人士的高尔夫俱乐部。因为胡兵知道，自己平时结交的人都是中产阶级，自己的高端产品根本不是他们消费得起的。所以，他决定改变一下自己的人脉圈子。

加入高尔夫俱乐部之后，胡兵将自己的主要精力都放在了高尔夫球场。很快，他通过工作，结识了不少的成功人士，销售业绩也渐渐地好起来。这时，他又发现一个有趣的现象：别人开始主动来找他了！

因为许多人发现，胡兵与高尔夫球场上那些大老板来往甚密。许多人通过中间人介绍来主动结识他。为此，胡兵进一步通过自己的工作关系，建立了更为优质的人脉网络。很快地，他由于销售业绩突出，被提升为公司的销售经理。

由此可见，良好的人际关系与强大的工作能力是相辅相成的。所以，我们在生活中，千万不要认为，经营和积累人际资源的目标，就是与众多的人有了"好交情"、"铁关系"之后，不学无术也能成功。

台湾著名投资家杨耀宇之所以能成功，就是因为他懂得各种投资方面的知识，周围的人都来向他咨询，为自己建立起了强大的人际脉络。为此，他曾发出这样的感慨："引起别人心中的渴望，就可以为自己建立一个人际磁场。"

说到底，我们在工作中真正需要的是与对方互惠互利的"双赢"关系，如果不能建立这样的关系，那么双方也无法建立商务上的信任关系。

在商务社会中，人际关系的构成要素主要有三个要点：

1. 双方都自愿进行"价值交换"；

2. 双方的"期待值"在某种程度上是一致的；

3. 双方愿意长期来往，但不会将这种"关系"固定化。

如果打破了这个前提，人际关系是不能成立的。其实，那些聪明的交际明星都明白：靠"交情"建立起来的人际关系，是极不牢靠的。真正的人际资源，就是在自己所处的工作环境中与对方共同成长，并踏踏实实地互相为对方提供"价值"后建立起来的。

03. 坚持对周围的人施予爱心

在美国加州的一个风雪交加的夜晚，一位名叫约翰逊的年轻人因为汽车"抛锚"被困在郊外。

就在他万分焦急，需要人帮助的时候，一位骑马的男子正巧经过这里。见此情景，这位男子二话没说，便用马帮助约翰逊将汽车拉到了小镇上。事后，当他激动地拿出一沓厚厚的钞票给对方酬谢的时候，这位男子却说："我不需要回报，但我要你给我一个承诺，当别人有困难的时候，你也要尽力去帮助他人。"于是，在后来的日子中，约翰逊便不计回报地主动帮助了很多人，并且每次都没有忘记转述那句同样的话给所有被他帮助过的人。

在许多年之后的一天，约翰逊被突然暴发的洪水困在了一个孤岛上面，一位勇敢十足的少年便冒着被洪水吞噬的危险救了他。当他感谢少年的时候，少年竟然说出了那句约翰逊曾经说过无数次的话："我不需要回报，但我要你给我一个承诺……"

顿时，约翰逊的胸中涌起了一股暖暖的激流："原来，我串起的这根关于爱的链条，被周转了无数的人，最终经过这位少年还给了我，所以，我一生做的所有好事，全部都是为自己做的！"

约翰逊的经历告诉我们，想得到众人的帮助和爱心，首先要学会向他人施予爱心。正所谓，有付出就会有回报，对于年轻人来说，只要你能在生活中时时用心去浇灌你的人际之树，它必将结出成功的硕果！

二十几岁的年轻人，因为初入社会，总是想着要急切地与那些有成就的人士结识，于是，他们总会去找一些"技巧"、"方法"去积累和经营人际资源。其实，这是最不牢靠的做法，你这样做，也很难拥有稳定并良性发展的人际关系。只有努力地"用心"，随时"留心"，真诚地对周围的人付出"真心"，坚持"以心换心"的原则，才能让人愿意与你结识，并记住你。正如卡耐基所说，如果你抱着真诚、诚信的心态，去努力为别人付出，别人也会用自己的真心诚意去回报你。心与心相加，才是世界上最好的"关系"。

其实，在任何时候，"施予爱心"是从不会让人亏损的投资。艾默生曾经提醒我们："要做一个为后来者开门的人，不要试图使世界成为死巷。此生最美妙的报偿就是，凡真心帮助他人的人，没有不是在帮助自己。"别人失意时，你一个善意的微笑，或肩膀上的轻拍，都可能让一个灰心丧气的人重新振作，也会让人在关键时刻牢记你。

刚刚毕业的周波是上海一家软件公司的普通职员。那时，公司里的人多数都是有资历的中年人，他们的家庭观很重，只把上班看做是谋生的一种工具，工作之余极少与同事交朋友。

周波为此感到有些不理解，他决定按照自己的习惯去处理与同事的关系。对于那些曾经在工作上帮助过自己的同事，逢年过节，他都会发短信或打电话向他们表示感谢和祝福。这样的举手之劳，看似微不足道，而在人际关系比较淡漠的公司，却给人留下了难忘的印象。

丽莎是总部的一位部门经理，在周波刚入职的时候，她曾经给过他很大的支持和鼓励。后来，在公司内部错综复杂的矛盾斗争中，不幸的丽莎一下子从经理变成了一个普通的员工，周围的人都纷纷离她而去，她变得形单影只，午餐时也只剩下她孤零零的一个人。

但是周波却没有忘记她，还是与以前一样，逢年过节都打电话给她表达自己的问候之意，同时在工作上，还不断地与她交流。因为周波认为，人在任何时候都不能忘本，不能太过势利，人必须回报那些曾经帮助过自己的人。

过了一段时间，事态便发生了有趣的转机。当初丽莎是从另一家公司跳槽来的，她原来在那家公司的顶头上司此时也被现在的公司挖过来了，并当上了微软的高级副总裁，丽莎也因此一下子升任高级副总裁。这时，许多人又开始围着她转了起来，但周波还是和以前一样，与她保持原来的友好状态。

一年后，公司决定到北京设立分部，为此，总部张榜在公司内外公开招聘总经理以及部门主管，公司上下有很多人都报了名。周波对此没有过多的兴趣和奢望，也没有报名应征。

一圈面试下来，公司评委们对应聘者都不满意，作为评委之一的丽莎忽然想到了周波，便邀请他应征。根据周波的业务资历，应聘个部门主管还是有希望的。就这样，周波在丽莎的帮助下，顺利通过了面试，跃升为分公司的管理层。周波明白，自己职业生涯的飞跃，与丽莎是分不开的。周波的成功，在于他时刻能以诚待人，用爱心为他人付出。所以，他人也就把机会回报给了他。

的确，与人交往是一门大学问。在与别人相处的过程中，你要做到与人为善，乐善好施，构造和谐友好的人际关系，这样，你就会在关键时候得到他人的帮助。其实，那些不凡人士大都讲过这个道理：乐观、爱心和感恩，构成了一个人最好的心态，也必定为人带来良好的人际关系和事业上的成功。而那些成功的人际高手，也都具有"帮助别人不求回报"的天性。他们总是真诚地去关爱别人，于是赢得了人心。中国古人说得好："得人心者得天下。"而在这里，却可以把这句话改成"得人心者得人际"。只有将心换心，你的人际大树才能茁壮成长。所以，年轻人如果你想经营自己的人脉资源，就先从"人心"做起吧！

04. 真诚地对别人"感兴趣"

哈佛人际关系学家曾做过这样的测试：

首先，让参与测试者写下自己所喜欢的人的名字，从最喜欢的人开始依次写在纸上。接下来，让受测者将他认为喜欢自己的人的名字，也依照想象中的喜欢程度，依次写在方才记下名字的左边。通过对1000位受测试者的答案分析得出结论：他自己所喜欢的对象和喜欢自己的人，两者的次序基本上是一致的。

这个测试的结果不算完善，其中的偶然性较大。但是它却在某种程度上说明了这样的道理：在你喜欢别人的同时，别人也在喜欢你。如果你想得到别人的喜欢，就要先喜欢上别人。只要你喜欢别人，别人就会喜欢你——这是不容置疑的交际真理。

那些成功人士在社交过程中，向来都遵循这样的原则，在别人还未喜欢上他们之前，他们先会想方设法对别人"感兴趣"，表达出自我友善，从而达成良性和谐的人际互动。

德鲁·吉尔平·福斯特是哈佛大学历史上的第一位女校长。据说，她之所以能成为一个杰出的大学校长，是因为她在与他人接触时，先会表达出她对别人的无限尊重，无限地对别人感兴趣。

一天，一个名叫叶中的中国留学生要到校长室申请一笔学生贷款，当场就被批准了，叶中万分激动地向福斯特道谢。随后，叶中正要出去时，福斯特却说道："有时间吗？请再坐一会儿。"

接着，这位中国籍学生十分惊奇地听到校长说："你在自己的房间里亲手做饭吃，是吗？我上大学时也做过。我做过红烧肉，是中国一道鲜美的食物，只是工序有些复杂。"

接下去，她又详细地告诉学生怎样挑肉，怎样用文火焖煮，怎样放料等等。

"你吃的东西必须有足够的分量。"校长最后说道。

真是一位了不起的哈佛大学校长！不是吗？有谁会不喜欢这样的人呢？

不可否认，只有那些乐于为别人效力，不惜花费时间、精力，诚心诚意为他人着想的人，才能真正地获得友谊。

"如果那个人喜欢我，我才会喜欢他"，这是多数年轻人所持的交际论调，有这种认识的人是幼稚的。如果你不喜欢别人甚至会厌恶别人，却妄想让别人去主动喜欢你，这是消极的社交方式，很难获得好人缘。试想：谁会去对自己毫不关心的人感兴趣，甚至当做朋友呢？

生活中，还有一些年轻人，他们在与别人交谈时，完全会忽略对方说话的主题思想，只有在某个词汇引起了他们的兴致时，他们才会突然打断别人的话，然后围绕这个词汇"展开联想"侃侃而谈。这样的年轻人一般都是些较为自私的人，也是毫无智慧可言的，也不会拥有真正的好人缘。

所以，要做交际场上受人欢迎的人，如果你希望别人喜欢你，那么，就先要在见到别人的时候，发自内心地对别人"感兴趣"，表达出你的诚意来。这是获得他人认可和喜欢的极为重要的交际原则。

05. 无关紧要的"小事"最能打动人

从"小事"着手去打动别人，也是年轻人积累人际资源需要坚持的一个重要原则。越是多数人觉得无关紧要的小事，越能够体现出你的细心和体贴，这样的关怀也越能够打动别人。许多成功人士都是从此法上获得了益处。"你希望别人怎样待你，你也要怎样待别人"这是知名化妆品企业玫琳凯团队的黄金法则，几十年来，正是这个法则为企业创造了非常可观的利润。

在奥尔布莱特还未成为美国国务卿的时候，曾在BN电影公司担任公关部经理的职位。当时，因为竞争激烈，她的压力异常大，但她却能巧妙地处理工作的各种事务，使同事们的烦琐工作变得十分地有趣味。

在公司中，奥尔布莱特的下属们，总会在某个紧张的下午，"意外"地收到一张上面写着诸如"你干得非常出色"之类的精致的卡片。这些卡片，是奥尔布莱特的精心之作。也正是这些无关紧要的卡片，在下属们的心中荡起了一阵暖意。这使得下属对这个细心的女上司更为尊重了，于是工作也越来越出色。就这样，在繁忙工作的间隙，她并没有花太多的时间，却给他人送去了一份又一份快乐。

她认为，大家的工作节奏那么快，以至于大部分人都忘让了一些最基本的问候，这些无关紧要的小事让大家彼此间失去了最基本的尊重和

267

友善。于是，奥尔布莱特认为，正是这些看似无关紧要的小事，最能体现自己的一份心意。于是，她的行为，不仅让下属收获了感动，而且还提升了工作效率。

其实，奥尔布莱特的做法值得年轻人借鉴。要想赢得他人好感，体现出你的关心是必须的。但是对别人的关爱，不一定非要在大事中才能体现出来。在日常生活中的各种琐事之中，更能体现出你的友善来。

生活中，有很多年轻人在与他人相处中发生冲突、争执，起因多数是因为一方不把另一方放在心上，或者双方都不把对方放在心上。于是，误会和敌意便会袭来。所以，将对方放在心上，重视别人的需要，是赢得对方尊重和好感的最有效的途径。你轻视一个人，就不会把他放在心上，对他的一切都漠不关心。而你重视一个人，就会处处在乎她的感受，关心他所处的状况。而当他感受到你的轻视或重视后，也会报以同样的态度。

在与他人相处过程中，如果我们能对别人多一份关注，多一份重视，就会给别人带来无比的快乐和幸福。所以，当我们试图要改善或巩固与他人的关系时，千万不要想方设法去帮对方一个大忙，而该从生活中的小事做起，更能打动对方的心，为自己赢得良好的人缘。

初入职场的玉珠近来很烦恼，因为她总觉得自己无法融入同事圈里去。因为她们总有她们的话题，比如与婆婆相处的艺术，教育孩子的心得等。而这些玉珠根本插不上嘴。

如何才能让自己与她们打成一片呢？玉珠发现，其实做到这点也并非是件难事，那就是利用工作途径，随手帮助别人一些"小忙"，把工作中所有认识的人都变成自己的人。比如，有一次，玉珠听到办公室的张姐说起，要给自己老公的公司添点办公用品。于是玉珠便从抽屉里抱出一大本名片，对张姐说："如果急用的话，可以找老张，他送货上门；如果希望价钱最低，你就去 XX 街找小陈；总之不要去超市，那里价钱最贵。"听了如此周到的介绍，张姐乐得直夸玉珠："小姑娘，你年纪虽小，办事能力却很强啊，心如此细，谁娶了你，可不幸福死！"

其实，这些供货商，都是玉珠给公司采购办公用品时认识的，她比较注意维护这些关系，不仅办起公事来很方便，也能帮到其他的同事。从这些小事情入手，玉珠便很快融入了同事圈。

有句俗语说得好："无心插柳柳成荫。"不求回报，随时随地地帮别人一个小忙，对你可能是举手之劳，但它却种下一个善因。日后能给你带来意想不到的机遇。

06.　忽视小节，等于贬低自身价值

爱默生说："美好的行为比美好的外表更有力量。美好的行为，比形象和外貌更能带给人快乐。这是一种精美的人生艺术。"要想拥有美好的行为，就必须要拥有良好的教养。良好的教养本身就是一笔大财富，当你学会运用这笔财富的时候，所有的人都会向你敞开大门，你将会变得越来越受欢迎。

那么教养要靠什么来提升？当然是小节。因为忽视小节的人会让自身价值贬值，导致人际存折资源的不断流失，进而会失去本来属于自己的财富资本。

有些年轻人可能认为：成大事者应该不拘小节，否则只会被小节所拖累。其实，这种想法是极其错误的。人与人之间的交往，总是离不开各种各样的小节。如果你是个忽视小节的人，你的价值会因此而大打折扣。

有一家医院要招收一名护士，前来应聘的20个人都是刚刚毕业的学生。

面试当天，20位应聘者共同坐在会议室里等待面试官的到来。天气很热，接待人员便给大家逐一倒水。而这几个人中没有一个人主动上前帮忙端一下，都是表情木然地看着接待人员忙活。

当水递到应聘者手中时，有一个人就问："天气太热了，我想喝冰镇绿茶，你这里能否提供呢？"接待人员回答道："十分抱歉，刚刚用完了。"

坐在一旁的梅珊看出接待人员心中有些不高兴，于是，就起身对她说："谢谢您为我们倒水，这么热的天，辛苦了。"接待人员看了梅珊一眼，不由得心生好感。

一会儿，面试官进来了。没有一个个地面试，而是主动与这些学生闲聊了起来。学生们以为面试官应该是个很严肃的人，没想到却如此和蔼可亲，就松了一口气。

刚开始，大家都很认真地专心听面试官讲话，但10分钟下来，同学们却完全放松了，有的人跷起了二郎腿，有的人则拿着手机发起短信……只有梅珊一直在听面试官讲话，还不时地礼貌地点头回应着。

最后，面试官说："今天的面试结束了，大家请回吧。明天电话通知被录用同学的名单。"同学们都惊得目瞪口呆，但最终还是起身准备离开。

最终，被录取的人自然是梅珊，尽管她的学习成绩不算好。

其实，一个人的成功不在于其学识有多高，而是他能否看到别人忽视掉的小节。梅珊的行为体现了她良好的个人修养，这种修养本身就是一种财富，让她获得了成功的机会。

一些人之所以经常在交际场上经常碰壁，被他人冷落，很多时候，都是忽略小节造成的。那么，哪些小节是交际场上的禁忌行为呢？

1. 轻浮的言谈举止。

与人交往，免不了要开口与人交流，但是如果你一开口动辄就粗话连篇，说话轻浮，不将别人放在眼里，恐怕就没人喜欢与你交往了。所以，注意小节先从注意自己的言语开始。

2. 背后论人是非。

如果你在谈话的过程中提及他人，并随意攻击他人的短处，那么，你的朋友一定会躲你躲得远远的，因为所有人都害怕你会在别人面前再来攻击自己。要知道，论人是非是人际交往中一把很要命的匕首，还是快点将之扔掉，否则有可能会给自己带来极大的伤害。

3. 花言巧语，虚伪客套。

任何一个人都会对花言巧语和虚伪客套持厌烦的态度，所以，在与人交流的过程中，要尽量保持诚恳、实事求是的态度，这样才能得到他人的信赖。

4. 乱向他人发牢骚。

人生不如意之事十之八九，每个人都会遇到不顺心的人与事情，找朋友诉说的确能够缓解心中的不快。但是，如果你总是喋喋不休的话，恐怕再有耐心的人也会对你拒而不见。

要知道，朋友不是你的痛苦"回收站"，因为你的坏心情，也会影响到别人的心情。

5. 分等级待人。

朋友之间都是平等的，无论对方的地位高低、资历深浅、条件优劣，你都热情谦虚，既不巴结讨好，也不傲慢自大。对人一视同仁，不卑不亢，才能在朋友圈中获得好名声。

6. 没有时间观念。

在与朋友约会见面时，一定要有时间观念，准时赴约。有时候，你可能觉得迟到几分钟无所谓，但是这样的小节却会让对方对你产生不信任感，从而降低他对你的好感度。另外，你也不要过多地耽误他人的时间，当看出对方无意继续与你交谈的时候，一定要起身告别，这样会让你的好感度大大增加。

7. 炫耀自己对他人的恩惠。

遇到曾经受到你帮助的朋友，千万别在对方面前提醒人家你曾经如何努力地帮助了他，特别是在有旁人的时候，若是一味地炫耀自己，轻则会让对方感到心里不舒服，重则会导致对方对你产生厌恶，这会使你们的关系处于岌岌可危的状态。

总之，在做任何一件事情前，都要先去考虑别人的感受。自己的行为、语言是否会让人觉得不舒服，如果你能够做到有备无患的话，那么许多小节的问题便可以被你注意到了。时刻要记住：能做到有理有节的人，才能够充分地展现自己的高雅趣味，才能得到更多人的青睐。

07. 结交顶尖人物，并不是想象得那么难

在一个主题为"创造财富"的节目论坛上，主持人要求台下想成为富翁的人写下 10 个和自己最亲近的朋友的名字，及这 10 个朋友的月收入。然后让他们将朋友们的月收入加在一起再除以 10，并问他们："得到的结果与自己的月收入是否相差无几？"

其结果很令台下的人惊讶，也如主持人所预料的："你和你最好的朋友，收入情况是差不多的。"负债累累的人，他的朋友也是负债累累；普通职员的朋友，往往也都是普通职员；而百万富翁的朋友，也多是身价不菲。

这向我们说明了一个道理：你周围的朋友就决定了你的"富贵指数"。我们对朋友的选择，往往就是我们对人生的选择。所以，著名人际

关系培训专家罗伯特·清崎建议："你想要创造多少财富，就要尽可能地接近那些拥有多少财富的人。"

从个人角度来看，我们去结交更多"顶尖"人物，应该是我们人际交往计划中极为关键的一项内容。因为年轻人如有机会能与比自己更优秀的人在一起，能启发自己的思路，开阔自己的眼界，甚至能直接得到更多的事业发展机遇。

有的年轻人可能会说：我自己能力平平，怎么可能去结交到那些社会"顶尖"人物呢？如果你看了年轻的印尼华裔富商法兰克·金塔曼尼的经历，就不会觉得这是一件难事了。

法兰克·金塔曼尼在 35 岁时就拥有了数之不尽的财富。他的人脉资源，更是广得让人吃惊。

从 2002 年起，金塔曼尼每年都出席奥斯卡颁奖典礼；他还在欧洲积极参加各种慈善活动，与摩纳哥的阿尔伯特二世亲王，以及英国的爱丁堡公爵、菲利普亲王同是座上的嘉宾。在他 35 岁的生日宴会上，除了有马来西亚皇室和贵族前来祝寿，出席的居然还包括 10 个驻本地的外国大使。而金塔曼尼是如何结识到这些顶尖大人物的呢？

在年轻的时候，金塔曼尼也曾去酒吧做过服务生，去餐馆当过洗碗工，还做过电话营销员。一般打工仔的艰辛他都尝过，但是，他从这些小事中积累了丰富的经验，训练出了高超的交际手腕。

他在刚开始建立自己人脉关系的时候，也遇到过不少的麻烦。金塔曼尼这样评价他自己："严格来说，我是个性格极为内向的人，但在交际场上这种性格的人是不受欢迎的，于是，只有建立强大的自信心才能让自己融入人群中。"

对于如何接近"顶尖"人物，金塔曼尼有自己的高招。他说："很多时候，我们看到那些成功人士的辉煌履历就认定很难接近，但事实并非如此。与他们结交，最关键的是要树立信心，并找到对方的舒适点，也要向对方展示和证明自己的实力。"

当时能力平平的金塔曼尼，为了与某一位总裁、老板见上一面，他经常会在接待室等上几小时。他精力旺盛，能屈能伸，不怕被拒绝，并能迅速地找到与对方交流的舒适点，这为他积累了丰富的人脉资源，也为自己今后的事业发展打下了坚实的基础。

一般人都会认为，那些"顶尖"人物是很难接近的，其实不然，所谓"高处不胜寒"，他们往往都是很寂寞的，他们比你想象的要容易接近的多。

与大人物结交，其实，正如金塔曼尼说的，"最关键的是要树立信心，并找到对方的舒适点，也要向对方展示和证明自己的实力。"信心可以树立，对方的舒适点，只要善于观察，也可以及时发现。最为关键的是你自身的实力。真正的实力要靠平日的积累，要靠业绩来证明，也要靠自己良好的沟通技巧去展现，去说服别人相信自己的实力。

但是，在平时的工作中，我们一方面可以通过自己不断地努力提升业绩，来吸引那些"顶尖"人物。同时，也可以通过结识"顶尖"人物来提升自己的眼界与实力，这两种方法应该同时进行，只要运用得好，它们可以互相之间形成一种良性循环，让自己的事业更为顺利。

当然了，在与顶尖人物结交的过程中，我们也可能会遭到冷遇，会为此付出巨大的代价。但是这都没有关系，这些付出都是值得的！至少，我们可以在与"顶尖"人物"过招"的过程中，可以获得更多的经验，为以后与他们"搭"关系奠定基础。这是那些不敢轻易去尝试的人所永远得不到的。

总之，在交际场上，只要肯花心思，肯花时间，有朝一日，总有一天，你也能与那些"高端人士"互相欣赏，互相协作。

08. 个人发展飞跃，"看涨不看跌"

要想拥有好人际，首先要将自己打造成"潜力股"。但为了让自己获得更好的发展，当你处于人际关系的"看涨"阶段，一定要抓住更多的机遇，不要让它白白地溜走。如果你想"跳槽"，如果你想实现事业上的飞跃，最好选择在你的人际资源"看涨"期。

今年 28 岁的苏珊本是某家政服务公司的经理助理，而如今，她已经成为某知名电子销售公司的公关经理，享有极好的薪资待遇和福利。

周围人都很羡慕她如此年轻就得到如此好的职位，而苏珊则说，自己也很意外能迅速攀升到这个职位，因为这是电子销售公司的老板主动找她的。

原来，她现在的老板曾是她过去的客户。有一次苏珊同经理出席一个重要新闻发布会的时候，她的办事才能得到了这位老板的认同。所以，会议结束后，这位老板就告诉她，以她的才能完全可以晋升到更高的职位，所以就答应她，我们公司一旦有空缺的职位，就会通知她。

不仅如此，这位老板之所以选中她，还曾征问过几位媒体记者的意见。苏珊在家政公司工作的时候，曾经常与各大媒体接洽，她懂得花心思，会针对不同的媒体，提供多角度的新闻。她的这份努力，得到了记者们的赞赏。所以，当有人问起她的工作能力时，他们自然会帮她多说好话了。

苏珊能获得职位的晋升，看似是被动的，实则是她主动经营的结果。她是在一个"大家都看好她的工作能力"的阶段，抓住了"一闪即逝"的机遇，顺利地实现了个人职业发展道路上的飞跃。

我们现在可以想想自己周围那些获得成功的朋友：他们中是否有人在"谁都对他爱搭不理"的阶段获得了升职？是否有人在"周围人对他评价都很低"的状态下被有实力的公司挖走？当然没有！即便一个人再能干，也不大可能会在人脉资源还不稳定的阶段就顺利地实现个人职业发展的飞跃。

可能有人会问："我想实现个人职业发展飞跃，但是，如何判断我正处在"人脉资源的上升期"呢？对此，我们可以参考以下的几个指标：

1. 是否感觉到自己的能力提升了很多，可以挑战过去那些不能完成的"高难度"工作了？

2. 是否感觉到最近越来越多的人向你发出各种工作邀请？

3. 是否有更多的人邀请你参加各种"交流会"？是否有很多"高端人士"请你加盟？

4. 对于过去那些想见而又"见不到"的"成功人士"，是否现在可以与对方进行畅快地交流了？

如果你目前的状况不符合上述的几项指标，那么你的人际还不处于"看涨期"，那么，这时就不要冒然地去跳槽，而是应该先想想如何去做好自己的本职工作，并积极参加同行间的各种"交流会"，多从中受到启发，将之合理地运用到你的工作中去，从而提高自己的"价值"。

如果你的状况很符合以上指标，这说明，实现你事业发展飞跃的机会可能到了。这时候的你，就可以考虑多参加公司内部的"升职评选活动"，或可以考虑到别处寻找更好的工作机会了，甚至你可以主动向你的上司表明：你有承担更重任务的能力了，请求他重新考虑你的工作安排。

这时候，不要觉得"主动要升职"是一件难为情的事情，因为你正处于"人际上涨期"，你有能力，有资本去获得这些发展机会。但是，在做这些的时候，也不要冒然行动，要注意抓住好的时机，用"四两拨千斤"的手段达到自己的目的。

刘斌是一家民营企业的软件开发工程师，虽然薪水不高，但是他却能够勤勤恳恳地工作。两年后，由于工作能力的提高，他被提升为部门经理。在这一年中，他经常参加公司的各种培训，并在培训课上结交了大量的朋友。

这时，有些公司的管理层就开始邀请他加盟。多数情况下，他们给他提供的工作职位与工作内容都与现在相差无几，薪水也只是比当前高一点点。

这时候，刘斌并没有盲目行动，他认为，以自己目前的实力与资历，还不太可能在好一些的公司获得好的前途。作为一支"潜力股"，自己的能力还有待进一步的提升。于是，他还不断地继续努力工作，积极参与公司举办的各种活动，希望能为自己积累更多的人脉。

一年过去了，刘斌觉得自己的能力得到了极大的提升。他也开始接连不断地接到同行业其他老板的邀请通知，希望他能到自己公司挑战更高的职位，而且给他提供的薪资待遇要比当前的要高很多。于是，刘斌觉得自己是该考虑跳槽的事情了。

更好的机会终于来了：他在一次参与电视台的咨询项目的过程中，一位日本老板看中了他的才能，便盛情邀请他加入一家国际知名的软件开发公司。于是，刘斌就趁此机会完成了他职业生涯中的飞跃。

我们之所以要借助"人际看涨期"来完成自己事业上的飞跃，主要是因为我们的职业发展道路一般都是"阶梯式"的进步过程，而非"缓坡式"。也就是在不同层次的工作之间，几乎没有一个"平缓"的过渡，也就是说，我们只有两种选择：要么跳上去，要么停留在原来的职位上。但是，如果时机不成熟就"跳上去"，就有可能会使你职业发展遭受挫折，比如，中断自己对本职工作更深层的了解，制约个人能力的进一步提升；工作环境的不适应，还要考虑跳槽；等等。而如果我们长期地待在同一个职位上，又不利于我们自身能力的提高。

所以，我们在做出选择的时候，就要看自身人际资源的进展情况，看它是停滞不前，还是僵持，是稳步扩张，还是突然飚升。根据这些情况变化，来判断我们是否真的该"跳上去"。

如果你认为，自己的人际管理，突然变得顺畅起来，好像一股"上升气流"在催促我们时，就意味着我们实现"飞跃"的契机已经来到了！

但是，需要注意的是：千万不要为了"跳槽"去参加交际活动。参加相关的社交活动，为了结识更多的朋友，是为了获得更多有价值的信息，为自己以后的发展创造机会。所以，在社交活动中聊到自己的工作时，千万不要轻易地透露出自己想"跳槽"的想法，更不能在同行中里批评你现在的老板，因为这样会影响到你的个人形象。你要尽量为对方提供一些关于工作方面的"正面"信息，比如，你对本行业未来发展方向的看法，对自己未来事业发展的规划等等，多与对方交流工作经验，工作心得，互相启发，互相帮助，这样才能让人际的"上升气流"吹到你的身边。